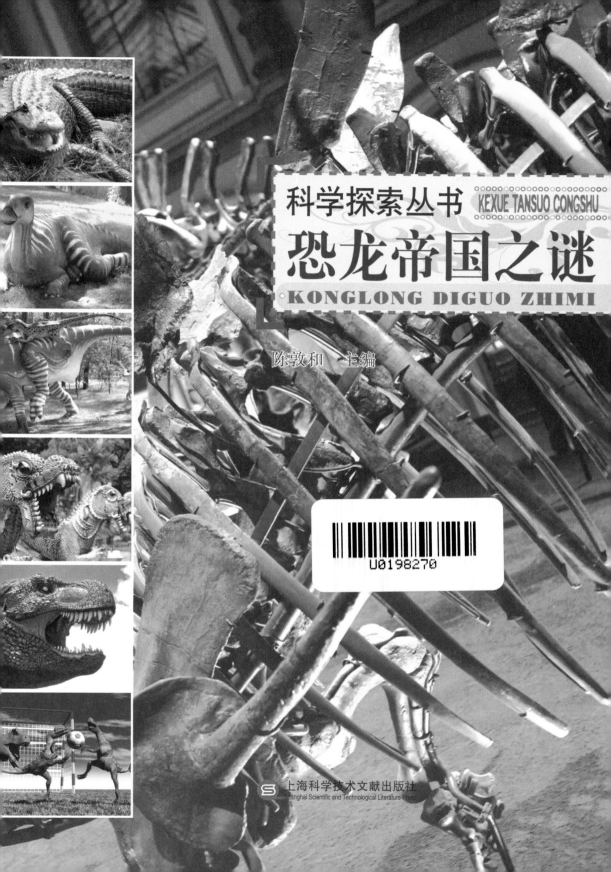

科学探索丛书
KEXUE TANSUO CONGSHU

# 恐龙帝国之谜
## KONGLONG DIGUO ZHIMI

陈敦和　主编

上海科学技术文献出版社
Shanghai Scientific and Technological Literature Press

**图书在版编目（CIP）数据**

恐龙帝国之谜／陈敦和主编. —上海：上海科学
技术文献出版社,2019
（科学探索丛书）
ISBN 978－7－5439－7904－8

Ⅰ.①恐…　Ⅱ.①陈…　Ⅲ.①恐龙—普及读物
Ⅳ.①Q915.864－49

中国版本图书馆 CIP 数据核字（2019）第 081264 号

组稿编辑：张　树
责任编辑：王　珺　詹顺婉

# 恐龙帝国之谜

陈敦和　主编

\*

上海科学技术文献出版社出版发行
（上海市长乐路 746 号　邮政编码 200040）
全 国 新 华 书 店 经 销
四川省南方印务有限公司印刷

\*

开本 700×1000　1/16　印张 10　字数 200 000
2019 年 8 月第 1 版　2021 年 6 月第 2 次印刷
ISBN 978－7－5439－7904－8
定价：39.80 元
http://www.sstlp.com

# P前言
## reface

恐龙，曾经的世界霸主，在亿万年前陆地和海洋中繁衍生息，自由自在地生活着。然而，出于某种原因，它们逐渐减少，甚至最终走向灭绝，退出历史舞台。而恐龙灭绝的真正原因，却还没有定论，至今仍在找寻。

恐龙家族里有哪些成员？恐龙世界里的各种冠军有哪些？什么恐龙最聪明……近百个超级精彩主题，蕴涵着最扣人心弦的秘密，带领孩子进入神秘的恐龙探索之旅！海量的知识，包罗万象，深入浅出，生动讲述恐龙帝国的神秘传奇，让孩子轻松获取恐龙的知识，了解恐龙的生活状态。

恐龙家族之间的陆地争霸、草原猎杀、神秘灭绝、千古迷踪……神奇而又古老的恐龙帝国，隐藏着多少不为人知的秘密！

《恐龙帝国之谜》一书图文并茂，通俗易懂，呈现在青少年面前的是一幅幅栩栩如生的宏大场景，一个个精彩生动的恐龙传奇故事。

通过对本书的阅读，相信你已经对恐龙有了些了解，虽然对于恐龙的研究，很多还只停留在表面，但是，相信随着越来越多恐龙化石的发现，我们揭秘恐龙的脚步也会越来越近。

本书带领青少年重返神秘的恐龙时代，恐龙的生存时期，恐龙的种类，直到恐龙的灭绝，都带给了我们无穷的乐趣和太多的震撼。我们会更加努力探寻它们生活的那个年代，找出它们灭绝的真正原因。让青少年朋友在惊叹和欢笑中体验与恐龙同行的惊险与刺激，全面揭秘最不可思议的恐龙真相！

# 目录
# Contents

**第一章** 神秘的恐龙世界     **1**

**第二章** 恐龙的兴起——三叠纪     **37**

# 第三章 | 恐龙的发展——侏罗纪 49

# 第四章 | 恐龙的鼎盛——白垩纪 73

# 第五章 | 南美的恐龙 93

# 第六章 | 亚洲的恐龙 103

# 第七章 | 其他各洲的恐龙 117

# 第八章 各类恐龙大显身手 129

# 第九章 恐龙之最 147

# 第一章
## 神秘的恐龙世界

在恐龙到来之前，地球上已经孕育出了多姿多彩的原始生命，它们繁衍着，生存着——直到恐龙的到来，这一切都改变了，世界开始鲜活起来，恐龙成为了地球霸主。那么恐龙是如何来到地球，如何成为地球的霸主，又是如何神秘地消失的呢？

# 地球上最早的动物

## 重要化石群的发现

科学家在中国南方冰期地层发现了含有最早动物化石的"瓮安生物群"和"澄江动物群"等一系列重要化石群，但是对这些动物化石的"年龄"一直无法准确测定，而这些动物当时生存环境中的火山灰却能提供解答的"密码"。科学家从三峡地区的火山灰中找到了精确测定地质年龄最好的材料——稳定矿物"锆石"，经过与美国麻省理工学院进行联合检测，终于测得了最早动物的准确"年龄"。

发生在距今7.5亿年到5.3亿年这一段地质时期的环境和生命演化，一直是备受地球和生命科学家关注的热门科学话题，因为这一时期是地球从没有可见生命的荒芜状态向生物繁茂的现代蓝色星球转变的关键时期。这个转变究竟是如何形成的，科学界关于这段时间内冰期的次数和持续时间、动物起源模式以及精确年代等环境地质事件的发生过程，向来存在着很大争议。

中科院南京古生物研究所专家曾向全球公布惊人发现——地球上动物最早出现的时间不早于5.8亿年！这一研究结果对寒武纪物种大爆发之前生命和地球环境的演变过程做了全新的解释。

## 最早动物的出现

据中科院南京古生物研究所朱茂炎博士介绍，由该所与美国麻省理工学院专家组成的研究小组，对从宜昌三峡地区采集的火山灰岩石样品同位素检测得出结论：

地球历史上曾发生过一大一小两个冰期，分别于6.35亿年前和5.8亿年前结束，而后地球上才开始出现最早的动物，而多细胞动物的出现和繁盛则是在5.5亿年前。当时全球发生了规模巨大的海水成分异常事件，导致生物加速繁盛、大气层氧含量急剧增加，这些为随后的寒武纪生命大爆发奠定了基础。

## 知识链接

### 地球上最早的动物——海绵

地球上动物最早的祖先是海绵。通过对海绵基因检测和与其他动物（苍蝇、鱼、蛙和人）的基因比对，科学家认为，它们在地球上已生存了至少5.6亿年，距今5亿年左右的海绵化石也已被发现。

从外表看上去，海绵非常像植物，为此，在很长的时间内人们一直认为它们是生活在水中的一种植物，就连一些生物学家也这样认为。1765年，一位叫爱勒斯的生物学家第一次将海绵归属于动物。海绵少数生活在淡水中，绝大多数栖息于海洋深处。它们附着在不同海域的岩石和珊瑚礁上生长，甚至在海底火山口附近。海绵绚丽多彩，千姿百态，形状有瓶状、管状和树状等。

## 扩展阅读

### 地球上共有多少种动物？

要准确说出地球上有多少物种，恐怕对生物学家也是一项"不能的任务"。据美国国家科学基金会"生命之树"项目的统计，目前约有500万至1亿种生物存在地球上，但科学家能够确定的却只有200万种左右。

其实，地球上的动物种数还远远不止这些，因为许多动物身体微小，必须用显微镜才能看到，有些动物生活在人迹罕至的地方，如在茂密的原始森林，或在大洋中深深的海底或海沟等处。所以，世界上还有许多动物没有得到详细的研究，科学家估计，目前人类尚未发现和研究的动物，约有1000万种以上，可见世界物种是多么丰富多样。

↓科学家在三峡找到了精确测定地质年龄的重要化石群

# 爬行动物的鼻祖

爬行动物在大约3亿年前的石炭纪晚期出现，许多爬行动物比恐龙出现得更早而且更常见。最早的爬行动物是林蜥，林蜥属于爬行动物中最原始的无孔类。在古龙类（即爬行动物，其中包括恐龙）开始成为主角之前，许多类别十分兴旺。

## ❖❖ 最初的双孔类的代表

比林蜥稍晚的时代，最初的双孔类的代表——油页岩蜥和下孔类的代表蛇齿龙也开始出现，这两类的出现在生物进化史上具有重要的意义，一个是后来统治地球的爬行动物以及鸟类的祖先，一个是在爬行动物之后统治地球的哺乳动物的祖先。爬行动物在最初的时期就有了三个完全不同的分支，它们是否有共同的祖先尚不明确，而能够作为爬行动物理想祖先的两栖动物的化石证据尚未发现。

## ❖❖ 爬行动物存在的最早证据

科学家在加拿大境内偶然间发现了爬行动物存在的最早证据——距今3.15亿年的爬行动物足迹化石。在那个时期,动物纷纷离开河水,到干燥的陆地生活。足迹化石的发现表明,爬行动物的进化时间要比之前估计的早100万～300万年。这将让科学家对生命历史的一个里程碑阶段有所了解。

### 知识链接

**恐龙是不是最早的爬行动物?**

最原始的爬行动物，叫做无孔类，它们的共同特征是有一个沉重的盒子般的头颅，除了眼睛、鼻孔外没有别的开口。由于颚的肌肉长在颅骨里面，肌肉组织不发达，它们的嘴巴不能张得很大。比无孔类晚些的双孔类爬行动物，颅骨有一对开口，叫做耳孔，在头颅两边的眼睛后面。它们颚上的肌肉伸过了耳孔，允许嘴巴张得较大。

## 寒武纪的海中巨无霸——奇虾

奇虾，被称为当时海洋中的"霸王龙"，它身长2米，有两个惊人的大螯。每当奇虾在海洋中游弋时，其他动物便会纷纷四散逃命。不要小看它2米的身长，在当时的海洋环境中能养活这么大的动物，说明了动植物种类的丰富多样。从时间上看，似乎把奇虾叫作"海洋霸王龙"不确切，因为它比霸王龙在生命舞台中亮相的时间要早4亿年，所以应该叫霸王龙为"陆上奇虾"更为合适。有趣的是，人们了解奇虾用了整整一个世纪的时间！

↓奇虾比现在最大的虾类——大龙虾都要大得多

# 恐龙出现了

恐龙是生活在距今大约2.4亿年前至6500万年前的，能以后肢支撑身体行走的一类陆生动物，大多数属于陆生的爬行动物，支配全球陆地生态系统超过1.6亿年之久。

## 恐龙名称的由来

1842年，英国古生物学家理查德·欧文创造了"dinosaur"这一名词。英文的dinosaur来自希腊文deinos（恐怖的）Saurosc（蜥蜴或爬行动物）。

实际上，人类发现恐龙化石的历史由来已久。早在发现禽龙之前，欧洲人就已经知道地下埋藏有许多奇形怪状的巨大骨骼化石。直到发现了禽龙并与鬣蜥进行了对比，科学界才初步确定这是一群类似于蜥蜴的早已灭绝的爬行动物。

自从1989年南极洲发现恐龙后，全世界七大洲都已有了恐龙的遗迹。目前世界上被描述的恐龙至少有650～700多种。后来，中国、日本等国的学者把它译为"恐龙"，原因是这些国家一向有关于龙的传说，认为龙是鳞虫之长，如蛇等就素有"小龙"的别称。

## 多样性的发展

从早侏罗纪到晚期白垩纪，恐龙家族向着多样性方向发展，恐龙的种群数目的增加，使恐龙在生存上具有优势，由此得以支配地球陆地生态系统。

恐龙种类多，体形和习性相差也大。其中个子大的可以有几十头大象加起来那么大，小的却跟一只鸡差不多。就食性来说，恐龙有温驯的素食者(吃植物的恐龙)和凶暴的肉食者(吃动物的恐龙)，还有荤素都吃的杂食性恐龙。

### 知识链接

**怎么研究已经灭绝的恐龙呢？**

因为恐龙的灭绝，所以，不能用研究现存动物的方法去研究，只能凭借它在地球上遗留下来的物质——恐龙化石进行研究。古生物学家们通过对恐龙化石的研究，推测恐龙的形态和习性。根据他们的研究，恐龙就像现在的动物一样，有大有小。有吃植物的，有吃动物的，还有既吃植物也吃动物的；有用两条腿走路的，有用四条腿走路的；有皮肤光滑的，有皮肤上有鳞或骨板的，更多的有羽毛。所有恐龙的相似之处是：除了鸟及部分肉食恐龙以外，脑子都很小，所有恐龙的蛋都是下在陆地上。

↓恐龙横行地球

## 扩展阅读

### 电影——侏罗纪公园

《侏罗纪公园》是一部1993年的关于恐龙的科幻冒险电影，改编自1990年发表的同名小说。2007年底，《侏罗纪公园》仍名列全球电影票房榜前十名之内，首集票房成功之后并发展成系列电影。

# 恐龙的群体生活

我们从今天地球上的动物生活情况可以推测，恐龙应该是既有群居的，也有独居的，有大群大群生活在一起的，也有以家族为单位成小群体在一起活动的。吃植物的恐龙可能大多数是"集体主义者"，它们往往组成很大的群体。

## 有组织的群体生活

1954年，在我国辽宁省朝阳县阳山区大四家子西沟，地质古生物工作者发现了大量三趾的恐龙脚印化石。这是一群小型的鸟脚类恐龙留下的。足迹分布在3千米范围内，有的地方很密集。这些脚印的足尖都朝向东方，脚印大小不一，但都是同一类恐龙——跷脚龙的。这些脚印可作为恐龙群居的证据。

近些年来，在内蒙古一个化石点出土了大量原角龙和甲龙从幼年到成年个体的化石，这表明这些恐龙都是群居的。

足迹化石和其他化石使我们了解到，有一部分恐龙，如鸭嘴龙、一些蜥脚类恐龙、似鸵龙等，它们在世时，过着有组织的群体生活。从科学家发现某种蜥脚类恐龙的化石行迹可以看出，恐龙群当中可能有带头的首领。还有，曾发现过大脚印在外，小脚印在内的现象，说明小恐龙受到大恐龙的保护。

↓禽龙标本

## 霸王龙以家族为单位群居

以前人们普遍认为，大型肉食性恐龙——霸王龙，很可能是一种喜欢独来独往的动物。但自发现了两处霸王龙的"墓地"后，人们改变了这种看法，因为墓中埋葬着许多的霸王龙遗骨。如在美国的蒙大拿州东部出土的一个霸王龙墓，从里面挖出了4具骸骨，其中两具是成年的霸王龙，一具是少年霸王龙，还有一具是婴儿时期的霸王龙。看来似乎是一家人同时死于非命。

在加拿大曾发现过9具艾伯塔龙（霸王龙的小个子近亲）的遗骨埋于一处的现象。这群恐龙体长在4~9米，

由少年时期和成年时期的恐龙组成。其中有一只长得最大也最强壮，专家推测它可能是这群恐龙的家长。霸王龙很可能是以家族为单位集群生活的，有点像今天的狮子。

### 扩展阅读

#### 禽龙的群居生活

1877~1878年间，在比利时伯尼萨特的一个煤矿里，发现了埋在一处的禽龙的骨架化石，数量多达31具。这表明禽龙是一种群居的恐龙。在加拿大盛产恐龙化石的艾伯塔，也曾发现一个恐龙"墓地"，里面埋葬的恐龙骨架多达350具，全部都是剌角龙的，它们似乎是在迁徙途中遇上了洪水而毙命的。

# 走进恐龙时代

地质史上的三叠纪是中生代的第一个纪，地球生命的发展从这时起进入了爬行动物称霸的时代。在三叠纪出现并开始发展的恐龙在侏罗纪——恐龙的鼎盛时期——已迅速成为地球的统治者。各类恐龙齐聚一堂，构成一幅千姿百态的龙的世界。当时除了陆上的身体巨大的雷龙、梁龙等，水中的鱼龙和飞行的翼龙等也大量发展和进化。

## 恐龙时代的地球环境

在恐龙生活的近两亿年的时光里，地球的环境发生了翻天覆地的变化。原本连成一整片的陆地开始逐渐漂移，分裂成为如今我们熟知的形态。这些地球板块漂移到全球各处后，由于光照不再均匀，热量的传导也被海洋阻断，气候环境也跟着发生了改变，这些使得地球上的植物种类产生了巨大的变化。在恐龙时代早期，蕨类植物构成的矮灌丛是地球上

主要的植被。不过，由于这些变迁是在非常漫长的时间内逐渐发生的，因此生长其中的动物依然能够很好地适应环境。

但是到了恐龙时代中期，地壳运动加剧，使得地质活动频繁，造成了陆地气候变化。到了恐龙时代晚期，由于气候变得干冷，地球上出现了沙漠。而地球板块的漂移，造成了高山隆起，深谷下移，板块携带大陆向不同的方向运动，使得环境发生了一系列的变化。

## "龙的世界"

三叠纪刚刚过去，气候变得越来越潮湿，针叶林和蕨类植物开始占据优势，并且形成了茂密的森林。充足的食物让那些蜥角类恐龙越长越大，梁龙、腕龙的身长甚至超过了20米！与此同时，兽脚类恐龙开始兴旺发达。始盗龙、腔骨龙、鲨齿龙，无论是广阔的平原还是茂密的丛林，到处都可以看到它们奔跑跳跃的身影。真是一个真正的"龙的世界"！

恐龙帝国之谜

## 侏罗纪时代的植物

侏罗纪之前，地球上的植物分区比较明显，由于迁移和演变，侏罗纪植物群的面貌在地球各区趋于近似。侏罗纪时代，在那时的植物群落中，裸子植物中的苏铁类、松柏类和银杏类极其繁盛。蕨类植物中的木贼类、真蕨类和密集的松、柏与银杏和乔木羊齿类共同组成茂盛的森林，草本羊齿类和其他草类则遍布低处，覆盖了地面。在那些比较干燥的地带，生长着苏铁类和羊齿类，形成广阔常绿的原野。

↓走进恐龙时代的地球环境

## 恐龙时代即将重现？

有科学家称：在未来一个世纪内全球气候转暖将导致"恐龙时代"的再现！由于地球气温持续上升，将达到恐龙时代的气候温度，到那时地球至少有一半的物种都将灭亡！来自英国约克大学的克里斯·托马斯指出，"在未来百年内，不仅二氧化碳指数达到2400万年以来最高记录，而且全球平均气温将达到1000万年来的最高温度。地球很有可能已濒临物种大灭绝的边缘。"据了解，科学家们预言到2100年全球平均温度将增长$2℃～6℃$。

# 恐龙皮肤的颜色

我们知道，恐龙早在6500万年前就已经灭绝，如今我们看到的恐龙遗迹多是恐龙骨骼化石。科学家利用这些骨骼化石复原了恐龙身躯，再加上科学的想象，使我们看到完整的栩栩如生的恐龙形象。

科学家经过长期深入的考证，对于恐龙的种类、食性、身体大小、生活环境等问题也逐步搞清楚了。然而恐龙皮肤的颜色却是一个非常难解之谜。

## 色彩暗淡论

传统的观点是"色彩暗淡论"，是将恐龙参照大象的肤色来复原。他们的理由很简单，恐龙身躯与大象一样庞大笨重，为了保护自己，皮肤一定较厚并且颜色一定暗淡。的确是这样，动物过于臃肿庞大时，毛色肤色都比较单调灰暗。这种观点是大多数学者坚持的，也有一定的说服力，因此在自然博物馆和大型科幻电影中，臃肿庞大的恐龙都是土黄色或灰绿色，没有艳丽的色彩花纹。

## 色彩鲜艳论

向上述的传统观点挑战的是"色彩鲜艳论"，有学者认为，远

↓色彩暗淡论

古时期恐龙是当时地球的霸主，没有必要保护自己。这些学者主要论据是与鸟类有关，一种学说证明，鸟类的祖先就是恐龙。恐龙虽然早已灭绝，而通过进化发展的鸟类却繁衍至今。色彩斑斓的鸟类世界，我们都十分熟悉，那么，它们的老祖先恐龙，也应该有鸟类的基本特征，如孔雀般美丽的羽毛。

## 知识链接

### 调和意见

两种观点十分对立，谁也说服不了谁。于是出现了第三种调和意见，把两方面意见折中考虑。他们提出，大型恐龙是色彩单调暗淡，而中小型恐龙则是多色彩的；食草恐龙的色彩是土黄草绿色，而食肉恐龙是色彩斑斓的；在同类恐龙中，雄性恐龙是色彩鲜明，而雌性恐龙是色彩单调的。这好像是在说"绕口令"，但是目前确实还没有权威的结论。

第一章 神秘的恐龙世界

# 恐龙牙齿的形状

象牙硕大，鼠牙细小，狼牙锋利如刀，马牙厚实耐磨……形形色色的动物有着各式各样的牙齿，每颗牙齿都讲述着主人独特的生存之道。两亿年前的大地上，游荡着另外一群生灵——恐龙，他们的生活和消失都深深地吸引着我们，穿越时空散发着无尽的魅力，那么，它们的牙齿又为我们讲述着怎样的故事呢？

## 食肉恐龙的牙齿

先来看看霸王龙的牙齿！霸王龙的牙齿形状相同，长短不一，排列并不紧密。这正是吃肉的兽脚类恐龙的典型特征。与哺乳动物相比，恐龙的牙齿为终生生长的同型齿。恐龙的牙齿虽是终生生长的，但不是像老鼠的门牙那样不停地长，而是一直进行新旧更替。

我们人类的牙齿分为门牙、虎牙和磨牙，可在恐龙身上还没有出现如此细致的分化，满口的牙都长一个

样子，称作同型齿；而后来的哺乳动物有门齿、犬齿和臼齿，称异型齿。我们的牙齿有两套，幼时是无根的乳齿，后来被恒齿替代，而恒齿脱落后是不能再长出的。

虽然在遥远的霸王龙时代，牙齿只是切割和穿刺的工具，但依然简单有效地支持着这些庞然大物成功生存，统治了地球两千万年。

通常我们认为兽脚类恐龙都是食肉的。它们牙齿的一些共同特点是：匕首状，两缘或后缘有锯齿。牙齿的大小，横截面的形状，齿冠的曲率，锯齿的形状、密度、大小，前缘锯齿密度与后缘锯齿密度的比值，都是牙齿鉴定的依据。

再看看伤齿龙的牙齿，伤齿龙的牙齿形状短而宽，而且边缘锯齿较大，这种特点类似于植食性恐龙，因此也有人认为伤齿龙是兽脚类中的素食者或者杂食者。

## 植食性恐龙的牙齿

植食性恐龙的牙齿的形状比较多样，有马门溪龙的勺状齿，梁龙的

钉状齿，甲龙和角龙带有锯齿的叶状齿，禽龙的锉刀状齿。植食性恐龙与肉食性恐龙区别的共同特点是，没有明显尖锐的齿峰，齿根比齿冠细窄，排列紧密。

**扩展阅读**

### 恐龙牙齿之最

牙齿最少的：窃蛋龙。这种恐龙没有牙齿，长着似鸟的喙。另外伤齿龙中也有些种类完全没有牙齿。

牙齿最多的：鸭嘴龙。大约2000多颗，每个齿槽里同时排列有六七颗牙齿，只有最上面一颗露出使用，脱落后后面的一颗顶替上来。

最大的植食性恐龙牙齿：兰州龙。生活在白垩纪早期，单个牙齿长约14厘米，宽约4厘米。

最大的肉食性恐龙牙齿：异特龙。长9.83厘米。

←霸王龙的牙齿

# 恐龙到底是冷血还是温血

　　恐龙是冷血动物还是温血动物？目前生物学家持有两种截然不同的观点，都是根据当前地球上动物的现状分析的。

## 冷血恐龙

　　持"冷血动物说"观点的学者主要的根据是，恐龙和现在爬行动物一样，属于比较低等的动物，鳄鱼、青蛙、蛇都是典型的冷血动物。这些动物的体温随着外界温度的变化而升降，可以节省体能的消耗，不需要有强有力的心脏维持血液循环，也不需要皮肤上有汗腺，遇到高温时排汗，用来保持身体各部分恒定的温度。

　　大部分冷血动物都有"冬眠"的特性，到了冬季会寻找一个温度适宜的洞穴，防止体温降到0℃以下，防止冻僵死掉。可是，难道恐龙也要"冬眠"吗？那么庞大的身躯躲到哪里安身呢？冬眠期间的安全问题怎么解决？如果不"冬眠"，恐龙又是如何度过漫长的冬季呢？这一系列的问题让科学家们感到"冷血动物说"观点所遇到的麻烦。

　　另外，即使是冷血动物，体温过高或过低时都缺乏活力，比如鳄鱼在35℃左右温度时才能活动自如。鳄鱼主要是靠晒太阳，从阳光中获取能量，从而把体温维持在35℃左右。

　　那么，庞大的恐龙依靠什么达到最佳温度呢？如果也依靠晒太阳，则很难自圆其说，经推测，最重的恐龙达80吨重，如此庞然大物，依靠晒太阳升温，必须不断转动巨大身躯，晒完一面再晒另一面，简直无法想象！何况恐龙为了生存需要不断进食，食量非常大，哪有时间整天懒洋洋地晒太阳？

→脖子奇长的梁龙

# 温血恐龙

另一些学者提出恐龙是"温血动物"，体温恒定，就像现在的大象。根据进化论学说——有一种恐龙是飞鸟的祖先，而且最近挖掘恐龙化石发现有软组织羽毛的痕迹，我们都知道，鸟类都是温血动物，体温恒定，羽毛是为了御寒，所以，"温血动物说"似乎也有道理。

可是"温血动物说"也遇到了很大的麻烦，还是恐龙巨大的身躯所引起的难题。最大恐龙身高9米以上，身长20米以上，重量达80吨，需要一颗多么硕大的心脏才能推动如此大量的血液，维持血液循环满足身体各部位的需求啊！即使是最简单的恐龙血液循环系统，一经画出，立即被人们断然否决，动物界绝不可能有如此威力的心脏能为其供血。

"温血动物说"遇到的另一个难题就是"血压"问题。长颈鹿吸引了科学家，因为长颈鹿能将自己的脑袋举到离地4.5米高度，又能低头喝水，

这必须有一套特殊的供血系统。我们都有这样的经验，久蹲在地猛地站起来，往往眼发黑，头发晕，这就是心脏供头部血液不及时引起的。长颈鹿能将血液压到离地4.5米高处的头部，其血压是人类的2~3倍，心脏既大又厚，泵血有力，可以直接送到高处。有趣的是，当它低头至地面时，颈动脉的"阀门"会自动调节血量，保持低头时头部血压的稳定，保障长颈鹿既不会出现"脑缺血"，也不会发生"脑出血"。

再看看恐龙，恐龙一般身高达数米，有的比长颈鹿还要高一倍，需要多高的血压，需要什么样的动脉"阀门"，简直难坏了生物学家。至今"温血动物说"的科学家也无法解释，恐龙到底是如何保持"恒温"的？

## 扩展阅读

### 恐龙体温与其体型有关

有一种观点认为，恐龙体温与其体型大小成正比。在研究过程中，科学家们总共分析了八种曾生活在侏罗纪早期到白垩纪晚期的恐龙的体温。这些恐龙的重量在12公斤至13吨之间不等。据研究分析，体重15公斤的恐龙的体温只有25℃，而体重13吨的恐龙的体温则有41℃。

# 恐龙能活多少岁

长期以来，人们总以为恐龙是一种长寿的动物。因为传统观点认为爬行动物生长缓慢，寿命往往很长，因此那些个子巨大的远古爬行动物恐龙，想必也都会活很久。

## 陈旧的推论

多年前有资料说，有人曾对某些恐龙骨骼的生长环进行过研究，发现这些恐龙死亡时的年龄为120岁。没有证据表明它们是在颐养天年后慢慢老死的——上了年纪的恐龙往往会成为其他动物的食物。因此，120岁并不是恐龙自然寿命的极限，也许有些种类的恐龙（如蜥脚类恐龙）能活到200岁。

这一资料比较陈旧，因为对恐龙骨骼"年轮"的研究只是在近几年才有了一些进展。因此，多年前就有人从恐龙骨骼年轮上看出被研究的恐龙已有120岁高龄，这一说法不太可靠。

## 神速生长

不久前，美国科学家对一具霸王龙的化石骨骼的"年轮"进行了研究，发现这一霸王龙是28岁那年死去的。研究发现，霸王龙在十多岁的时候长得特别快，它完全长成要花15~18年，到20岁生长基本停止，之后就进入了老年时期。

成年后的霸王龙体长11米，重5~8吨。被研究的许多霸王龙基本上都只活了28年就死了（实际上能活到28岁的霸王龙数量极为有限，野生动物的死亡率是很高的），它们最多能活到30岁。

非洲象长到霸王龙那样重（5~6.5吨）需要25~35年，因此霸王龙长到成年的速度甚至比象还快。可霸王龙虽然比非洲象生长速度快，但也比非洲象死得早。真是一生苦短！

以前认为恐龙为爬行动物，因此，像霸王龙这么大的块头（其个头与最大的非洲象相当），少说已有100来岁。可没想到，霸王龙最多能活50岁，比原来估计的少70多岁，还没有非洲象（平均年龄为50岁）活得久，更不如鳄鱼寿命长，但与某些中型哺乳动物及大型鸟类相似。

科学家对其他一些恐龙的骨骼年轮进行研究后吃惊地发现，霸王龙虽然长得很快，但其他大型恐龙的生长速度更快。

慈母龙（鸭嘴龙的一种）的幼子从蛋里出来后，只需7~8年就可进入成年，此时体长为7米。阿普吐龙（蜥脚类恐龙的一种）只需8~10年就能进入成年，此时体长为20多米，而它出壳的时候不过几十厘米长。

恐龙生长之快，实在出乎人们的意料。由于蜥脚类恐龙10来岁就能进入成年，因此出土的那些二三十米长的蜥脚类恐龙，不过十几岁而已，并非像人们过去所推定的那样已有一两百岁了。

恐龙生长速度快，表明它们的新陈代谢快，新陈代谢快表明它们是温血动物而不是传统观点认为的是冷血动物。冷血动物的新陈代谢很慢，其生长速度至少不会超过温血动物生长速度的十分之一。由此看来，恐龙的生长特征更接近于哺乳动物和鸟类，而与爬行动物（如鳄鱼、蜥蜴、龟等）绝对不同。

因此，恐龙的寿命就跟它的生长特征一样，与哺乳动物较为接近，我们在分析恐龙寿命时，也主要跟哺乳动物做比较。

## 扩展阅读

### 恐龙的生命

据研究，白垩纪时期的恐鳄可以长到10~11米长，它长这么长需要花50年的时间，相当于霸王龙长到同样大小所需时间的2.5倍。爬行动物生长缓慢，由此可见一斑。如果霸王龙跟它的这位近亲生长特征一样，11米长的它顶多也就是50来岁，绝不会达到100岁。

←霸王龙

# 昔日地球霸主

科学家根据研究表明，恐龙在两亿年前成功地统治了整个世界，虽然有蕨类植物为食草类恐龙创造了更好的条件，但是，火山、地壳等一系列的因素造成了昔日的世界霸主的灭绝。

## 不一样的爬行者

恐龙与其他爬行动物的最大区别在于它们的站立姿态和行进方式，恐龙具有全然直立的姿态，它们的四肢构建在躯体的正下方位置。这样的架构要比其他各类的爬行动物（如鳄类，其四肢向外伸展）在走路和奔跑上更为有利。

## 恐龙大不同

据科学家研究，从三叠纪中期恐龙出现到白垩纪末期恐龙灭绝，这个家族的成员超过了1000种！经过数十年的讨论和广泛研究，古生物学家们终于就恐龙的种属问题达成了一致。

根据恐龙腰带的构造特征不同，可以划分为两大类：蜥臀目、鸟臀目。

蜥臀目分为蜥脚类和兽脚类。

鸟臀目分为5大类：鸟脚类、剑龙类、甲龙类，角龙类和肿头龙类。

## 与鸟类的关系

有相当一部分食肉恐龙具有原始羽毛，这显示恐龙与鸟类可能是近亲。1862年发现的始祖鸟化石，与美颌龙化石极其相似，差别在于始祖鸟化石有明显的羽毛痕迹，而美颌龙虽然也有羽毛，但很原始。

自从1970年以来，许多研究报告指出现代鸟类极可能是兽脚亚目恐龙的直系后代。现在，大部分科学家视鸟类为唯一幸存发展至今的恐龙，而少数科学家甚至认为它们在生物学中应该分类于同一纲（即尚未建成的恐龙纲）之内。鳄鱼则是另一群恐龙的现代近亲，但两者关系较恐龙与鸟类远。

## 知识链接

### 不可思议的事

已知最小的恐龙是小盗龙，它只有40厘米长。已知最大的恐龙是震龙，它可以长到40米，重达100吨！

## 扩展阅读

### 恐龙版的《成长的烦恼》

《恐龙家族》是迪士尼出品的人偶剧，是一部风格幽默的喜剧。该剧1991年到1994年在美国上映，当时在美国很受欢迎，并获得艾美奖！《恐龙家族》将情境设定于公元前6000万年，围绕着大恐龙辛克莱一家的日常生活展开，以轻松和富有想象力、洞察力的手法讲述了许多实事话题，如环境保护等，以生动的恐龙原形表现出各种生活中的人物形象。有很多观众认为《恐龙家族》就是一部恐龙版的《成长的烦恼》。

↓不一样的爬行者可站立

# 恐龙是怎样分类的

恐龙被发现之初，人们一直以为它是种"巨大的、恐怖的史前怪物"，后来，人们发现它们只不过是一种巨大的史前爬行动物。于是，有些科学家开始着手用科学的方法研究恐龙。这时，他们遇到了一个难题——如何依据一些共同特征，为这个已经灭绝了几千万年的庞大家族整理出家谱？

## 恐龙的分类

根据科学研究，从三叠纪中期恐龙出现到白垩纪末期恐龙灭绝，恐龙家族的成员超过了1000种！经过数十年的研究和广泛讨论，古生物学家们终于就恐龙的种属问题达成了一致。

他们依据恐龙腰、臀部骨骼结构的不同，将恐龙分成了两类：具有向前突出的耻骨恐龙称为蜥臀目恐龙，而每根耻骨都向后倾斜的则称作鸟臀目恐龙。

不久，为了完善恐龙家谱，科学家又将它们进一步细化。蜥臀目方面，那些靠两足行走，嘴里长满锋利牙齿的肉食性恐龙被归为兽脚类。和兽脚类拥有相同的髋骨的植食性恐龙被称为蜥脚类。而鸟臀目的成员则被分到了五个不同的家族。

以两肢或四肢行走的植食性恐龙被称作鸟脚类；披着厚厚铠甲的"爬行坦克"被称作甲龙类；背着长长的骨板或刺刀的称为剑龙类；长有厚重头颅的是肿头龙类；而以四肢行走，头上长有巨角的则是角龙类。

### 扩展阅读

**恐龙分类的多样化**

虽然现在人们对恐龙的分类已经有了一个基本的模式，但随着越来越多的恐龙化石的出土，科学家发现这些分类还是远远不够。比如1999年，甘肃省古生物研究中心的专家就在兰州盆地发现了一种与众不同的恐龙化石。根据牙齿的形态，这种恐龙应该属于鸟脚类。但和以往鸟脚类恐龙三四厘米长的牙齿相比，这种恐龙的牙齿显然太大了，足足有14厘米！因此，或许有一天关于恐龙的分类还会改变。

↓现代鸟类是兽脚亚目恐龙的直系后代？

# 口味各异的饮食

恐龙属脊椎动物爬行类，曾生存在中生代的陆地上的沼泽及灌木丛里，后肢比前肢长，而且有尾巴。其中发展较缓慢的种类，类似最古之鳄及喙头类，发展较完善的种类，类似于鸟类。恐龙，大致可分为草食性恐龙、肉食性恐龙和杂食性恐龙三大类，每一类都有各自的生活习性。

## 草食性恐龙

草食性恐龙中较具代表性的有腕龙、梁龙和雷龙等。它们为了便于取水、取食，大部分生活在靠近水源的森林内。它们的长颈让它们可以轻易地取食林内大树上的嫩叶，一旁的河水又方便它们夏天时就近泡水消暑。另外剑龙、原角龙、三角龙、优甲龙等恐龙则比较喜欢生活在广大辽阔的草原上，如果遇到肉食性恐龙侵犯它们的生活领域时，它们便会集体向侵略者发动攻击，以保护群体的安全。

## 肉食性恐龙

肉食性恐龙是以突袭的方式猎捕食物，它们大部分居无定所，以大家都知道的暴龙（霸王龙）为例，它们有时住在山林中的洞穴里，有时住在浓密的丛林中。大部分大型肉食恐龙的猎食方式就是用那粗大有力的尾巴横扫猎物，将其打昏再冲过去一口咬住。如异特龙、泰氏龙、重爪龙均属此类。

肉食恐龙中的恐爪龙（迅猛龙）它们体型较小，是群居型的肉食恐龙，不论猎捕食物还是迁徙都是群体而行，从不单独行动。它们速度极快，猎食时都一起以扑杀的方式群攻，只要是被盯上的猎物几乎没有逃生的可能，它们残暴的猎食方式真是令人毛骨悚然。

以天空为其生活领域的肉食性恐龙则有翼龙、无齿翼龙。它们的取食方式是，以俯冲之姿捕食水中鱼类为食，一般居住在沿海高山洞穴里。

生活在水中的肉食性恐龙则大多以菊石、海螺和鱼类为主食，较具代表性的有蛇颈龙、鱼龙和苍龙等。

## 杂食性恐龙

杂食性恐龙以似鸟龙、始祖鸟、偷蛋龙比较具有代表性，它们极少群居，大多是零零散散地分布在各处，只有在迁徙或者远行时才有例外。偷蛋龙平常是以盗取草食性恐龙的蛋来维持生计的，为了躲避伤害，也为了更多地获取食物，它们平日生活在极深的山谷中和阴森的密林内。而始祖鸟、似鸟龙等杂食性恐龙的生活也如此。

### 知识链接

#### 最大的肉食恐龙之一

霸王龙是地球上最大型的食肉类恐龙之一。它是食肉类最晚的一支，具有六十个锯齿状边缘的利牙，有些达18厘米长。它具有硕大的上下颚；仅仅头颅长达1.3米，它或许能够吃下一整个人——假如那时候真有人类存在的话。霸王龙站起身高超过两层楼高，一口可以吞下一头牛，奇怪的是霸王龙前脚非常短小，和人手臂差不了多少，因此有些科学家认为霸王龙无法捕食，只能吃死尸。

新的调查结果显示，霸王龙并不像电影给我们留下的印象那样，专门向其他体型相当的恐龙发起挑战。事实上它们会有意挑选可以整个吞下的幼年恐龙作为捕食对象。

↓始祖鸟是典型的杂食性恐龙

# 恐龙化石的演变

在历史上，人类发现恐龙化石由来已久。只不过是由于当时知识水平有限，还无法对这些化石进行正确的解释。恐龙死后，身体中的软组织因腐烂而消失，骨骼（包括牙齿）等硬体组织沉积在泥沙中，处于隔绝氧气的环境下，经过几千万年甚至上亿年的沉积作用，骨骼完全石化而得以保存。此外恐龙生活时的脚印等遗迹有时也可以石化成化石保存下来。

## 最早的恐龙化石

相传早在1700多年前的晋朝时，今天的四川省武城县就发现过恐龙化石。但是，当时的人们并不知道那是恐龙的遗骸，而是把它们当作是传说中的龙所遗留下来的骨头。早在1822年曼特尔夫妇发现禽龙（第一种被命名的恐龙）之前，欧洲人就已经知道地下埋藏有许多奇形怪状的巨大的动物骨骼化石。但是，当时人们并不知道它

们的确切归属，因此一直误认为是"巨人的遗骸"。

## 石化的过程

当恐龙死去并很快地被沉积物或水下泥沙所覆盖时，石化过程就开始了。这些沉积物中含有细小的颗粒，会在尸体表面形成一层松软的覆盖物。这些覆盖物可以保护动物尸体免受食腐动物的侵袭，也可以隔绝氧气，抑制微生物的分解。

恐龙的骨骼和牙齿等坚硬的部分是由矿物质构成的。矿物质在地下往往会分解和重新结晶，变得更为坚硬，这一过程就是"石化过程"。随着上面沉积物的不断增厚，遗体越埋越深，最终变成了化石。而周围的沉积物也变成了坚硬的岩石。这个过程是极其缓慢的。

## 化石的类别

化石是我们研究恐龙的主要依据，据此我们可以推断出恐龙的类型、数量、大小等等情况。恐龙残

体——如牙齿和骨骼化石是我们最熟悉的化石，这些被称之为体躯化石。恐龙的遗迹（包括足迹、巢穴、粪便或觅食痕迹）也有可能形成化石保存下来，这些则被称为生痕化石。

## 知识链接

### 恐龙化石的第一个发现者

1677年，一个叫普洛特·加龙省的英国人编写了一本关于牛津郡的自然历史书。在这本书里，普洛特·加龙省描述了一件发现于卡罗维拉教区的一个采石场中的巨大的腿骨化石。普洛特·加龙省为这块化石画了一张插图，并指出这个大腿骨既不是牛的，也不是马或大象的，而是属于一种比它们还大的巨兽。

哈士尔特德认为，普洛特·加龙省应该是有记录以来第一个恐龙化石的发现者和记录者。虽然普洛特·加龙省没有认识到这块化石是恐龙的，甚至也没有把它与爬行动物联系起来，但是他用文字记载和用插图描绘的这块标本已经被后来的古生物学家鉴定是一种叫做巨齿龙（现名斑龙）的恐龙的大腿骨。这块化石的发现比曼特尔夫妇发现第一种被命名的恐龙——禽龙早出145年。

→最早的恐龙化石

## 扩展阅读

### 恐龙"木乃伊"

1999年，一名少年在美国北达科他州发现了一具保存完好的恐龙"木乃伊"，可以看到它像鸭子一样的嘴巴，并且皮肤几乎完整无缺。这具保存完好的恐龙木乃伊的发现向恐龙外形、大小和运动的标准理论提出了挑战。现在，科学家已经从这具罕见的恐龙"木乃伊"上找到了一些有机物，这意味着人类有望很快揭开有关恐龙的生物学秘密。更重要的是，如果有机物被保存的迹象得到证实的话，它可能为研究恐龙进化和生物群落提供了无可替代的依据。这些样本可以让科学家研究恐龙的蛋白质，甚至是DNA，找到有关恐龙生活周期和生长的重要线索。

# 物种大灭绝

6500万年前，恐龙，还有飞行爬行动物以及海洋爬行动物都从此销声匿迹。科学家一直在努力寻找原因，有一些因素是肯定的，比如陨石撞地球，还有一些科学家认为，火山大爆发也是这场灾难的重要原因。那么究竟是哪种原因造成恐龙灭绝的，目前科学界还没有形成一个统一的结论。

### ◆ 行星撞地说

近年来，美国物理学家路易·阿尔瓦雷兹提出的小行星撞击地球的假说备受多方关注。他在研究意大利古比奥地区白垩纪末期地层中的黏土层时发现微量元素铱的含量比其他时期地层陡然增加了30～160多倍，之后人们从全球多处地点取样检测都得出同样结论，白垩纪末期地层中铱元素含量异常增高的确是普遍性的。

于是，阿尔瓦雷兹认为在白垩纪末期有一颗直径约10公里的小行星撞击了地球，产生的尘埃遮天蔽日。造成地表气候环境巨变，导致了恐龙的消亡。但是，用小行星撞击地球来解释岩层中铱含量增加和恐龙灭绝存在许多疑点。

到现在为止，没有明显的证据可以证明恐龙的灭绝是由小行星撞击引起的。但是，地球内部至今仍在继续的地质构造频繁变动的事实表明，周期性地壳构造变动引起的环境"灾变"在生物进化过程中始终起主导作用，当然，小规模的物种逐渐进化也是贯穿于整个生命演变过程。那些山脉中的海洋生物化石和海底矿藏就是解释恐龙时代因地壳剧烈变动而终结的最好说明。

### ◆ 化石见证了这场灭绝

科学家在白垩纪的地层里找到了大量的恐龙和其他动物的化石，而在这之上的地层里，类似的化石很少见。也就是说，很多物种在白垩纪之后就灭绝了，其中就包括曾经的地球霸主——恐龙。这两个地层的分界线正好位于公元前6500万年前后，我们

↓一个时代的终结——小行星撞击地球

称为"K–T界线"，其中，K代表白垩纪，白垩纪之后的地质第三纪用"T"代表。

## 陨石撞地球说

科学家们研究了构成K–T界线的岩石层，在里面发现了一种地球上罕有的金属，而这种金属在陨石中是很常见的，叫做铱。之后，科学家们又在海底找到了一些沉积物，这种沉积物的生成年代正好和地层里铱元素的年代相同。在显微镜下观察，科学家发现这些沉积物和在陨石坑里找到的物质属于同一类。

经过对金属铱含量的探测和对陨石撞击痕迹的勘察，科学家发现在墨西哥一座小城的地下1千米处有一个直径近200千米、深约10千米的大坑。地质学家推算，这个坑正好形成于6500万年前。

## 火山爆发说

另外，也有人提出，恐龙大灭绝的原因很可能是大规模的海底火山爆发。因为火山的爆发，二氧化碳大量喷出，造成地球急剧的温室效应，使得植物死亡。而且，火山喷发使得盐素大量释出，臭氧层破裂，有害的紫外线照射地球表面，造成生物灭绝。但是这个学说有一个前提，那就是火山大规模的爆发。

## 气候变化说

据德国《科学画报》杂志报道，来自波恩天体物理学研究所的约尔格·法尔教授介绍说，地球在6000万年前曾陷入一次强烈的宇宙粒子流"风暴"中。在遭遇这样的风暴时，高速进入地球大气的各种粒子会达到平时的上百倍之多，将大气中的分子"撕裂"成为形成雨水所必要的凝结核，最终导致地球大气中云层增厚，降雨频繁，气温急剧下降。

↓陨石撞击地球留下的疤痕

科学家认为，正是宇宙粒子流的爆发导致了地球气候条件的剧烈变化，而不能适应此种气候变化的恐龙也因此在较短时间内被灭绝。

各种恐龙全部灭绝了，同样悲惨的命运还同时降临到了地球上的很多其他生物头上。

经过这场大劫难，当时地球上大约50%的生物属和几乎75%的生物种从地球上永远地消失了。这真是一场大灭绝、大灾难。大灭绝的结果使得在距今约6500万年这个时间的前后，地球上生物世界的面貌发生了根本性的巨变。这场大灭绝标志着中生代的结束，地球的地质历史从此进入了一个新的时代——新生代。

## 知识链接

### 中生代末的大灭绝

现在我们知道，恐龙灭绝的时间是在距今约6500万年前，地质年代为中生代白垩纪末或新生代第三纪初。而且在那个时候，不仅统治了地球达1亿多年的

# 恐龙活着的亲戚还有哪些

包括恐龙在内的爬行动物，绝大多数都未能逃过6500万年前的那场大劫难，而成为历史长河中的匆匆过客。但也有少数成员，它们"命大"，从中生代一直繁衍至今。这些成员有四类：龟鳖类、鳄类、有鳞类（包括蜥蜴类和蛇类）以及喙头蜥类。

这些爬行动物没有与恐龙一起灭绝，一直存活到今天，究其原因，可能与它们对环境有较强的适应能力有关。

## 生活不错的远亲

龟鳖类爬行动物（特别是龟）是一类活得不错的恐龙的远亲。它们相当古老，自三叠纪出现，至今长盛不衰，而且秉性十分保守，两亿多年来身体的基本结构变化不大，始终穿着厚厚的铠甲。它们作为一个物种如此长寿，很大程度上是因为有这身坚固、坚硬的外壳。

## 恐龙的近亲

在现存的爬行类中，只有鳄类与恐龙的亲缘关系最近。鳄类与恐龙同时出现，在中生代时，虽然地位远在恐龙之下，但在水中，它们根本不把恐龙放在眼里。像恐鳄、帝王鳄之类，当年恐龙也怕它们三分。

## 繁荣一族

蜥蜴和蛇类在今天地球上的爬行动物中是最为繁荣昌盛的一族。它们生活的范围相当广阔，从热带到温带都能见到它们的身影。其中最常见的是蜥蜴，虽然个子大的蜥蜴很少见，但小型的蜥蜴却分布非常广，它们甚至与我们一同生活在大城市的庭院中，比如壁虎。

应当说，小型的蜥蜴是爬行动物中与人类关系最为密切的成员。这与它们适应环境的能力极强有关。小而无害是它们的生存法宝，长得大了，人们会觊觎它们身上的肉，有害的话，人们就会消灭它们。

蜥蜴在地球上的出现比恐龙晚得

多，大约在侏罗纪后期才演化出来。到白垩纪初，有的蜥蜴为了适应特定的生活环境，逐渐失去了四肢而变成了蛇。

早期，它们的祖先就已活跃在地球上了，2.5亿年来，样子基本上没多大变化。在喙头蜥面前，恐龙、鳄类、蜥蜴类、龟鳖类等，都只能算是小字辈了。

## 喙头蜥

恐龙在世的亲戚还有一位，那就是喙头蜥（即楔齿蜥）。在地球上，喙头蜥的数量很少，人们对它也很陌生。喙头蜥是蜥蜴的近亲，体长约60厘米，模样有点像蜥蜴。

它是现存爬行动物中资格最老的一类，被誉为"活化石"。三叠纪的

### 扩展阅读

#### 喙头蜥的现生活

目前，喙头蜥正在新西兰南部荒僻的半岛上苦度光阴。它是濒危动物，受到了人类的严密保护。

↓喙头蜥凹凸不平的身体表面

# 似鸵龙的后代是鸵鸟吗

鸵鸟与似鸵龙那么相像，两者之间只是一种进化上的趋同现象呢，还是有什么血缘关系？鸵鸟的模样非常像似鸵龙。似鸵龙是白垩纪晚期的一种小型兽脚类恐龙。反过来说，似鸵龙也特别像鸵鸟。只是似鸵龙有一条长长的尾巴，可鸵鸟却没有。

## 鸵鸟的身世

鸵鸟属于不会飞的平胸鸟类。现存的和已灭绝的，平胸鸟类包括有好几种，除鸵鸟外，还有澳洲的鸸鹋和新几内亚的食火鸡、新西兰的鹬鸵和恐鸟，以及马达加斯加的象鸟。其中恐鸟和象鸟在二三百年前已经绝了种。

鸵鸟是杂食性动物，不挑食，对环境有很强的适应能力。鸵鸟从史前一直繁衍至今，全无濒危之虞。

科学家研究证明，包括鸵鸟在内的所有大型不会飞的鸟均来自同一个祖先，它们的历史悠久，但身世却相当神秘。国外有学者曾专门对这类鸟的身世进行过研究。

## 非鸟恐龙

20世纪90年代，日本科学家、医学博士福田对似鸵龙和恐鸟的骨骼结构进行了比较解剖学的研究。他的结论是：鸵鸟和恐鸟是由中生代的似鸵龙进化来的。福田说，鸵鸟是似鸵龙的现代变种。他推断，似鸵龙的身上很可能长有羽毛。

如果是这样的话，鸵鸟等大型不飞鸟（或称大型走禽），就是中生代残存下来的一种恐龙（当然，现在它们的长尾巴已经退化了）。这种恐龙身披羽毛，是一种温血动物，而不是冷血动物，因而能适应环境的巨变，历经坎坷，存活至今。

福田有关鸵鸟身世的理论提出不久，我国的辽西就发现了一系列的羽毛恐龙化石，证明小型兽脚类恐龙身上长着羽毛可能是一种普遍现象。专家现在认为，似鸵龙应是有羽毛的恐龙。

应当指出的是，假若鸵鸟等平胸类鸟从未飞起来过的话，那它们就不能算作鸟类，而应归于羽毛恐龙类，专家现在称这种恐龙为"非鸟恐龙"。换句话说，鸵鸟不是鸟，鸵鸟是"非鸟恐龙"。非鸟恐龙在白垩纪时遍布世界各地，四处可见。

过去的传统观点认为，鸵鸟等平胸鸟类是由会飞的鸟进化来的。的确，会飞的鸟类在一定的条件下是可以演化为不飞鸟的。如当它们飞到这样一个地方：那里既没有天敌，而且食物丰富，同时又不需要因为季节的显著变化而长途迁徙，长时间生活在这样的环境里，最终丧失了飞行能力而变成了不飞鸟，原来突起的胸骨也变成了平胸。

那么鸵鸟究竟是飞鸟，还是似鸵龙的现代变种呢？目前还是没有明确的答案。

## 扩展阅读

### 恐怖鸟

在北美洲曾发现过6000万年前的不飞鸟化石，它可能是现代不飞鸟的祖先类型。这种不飞鸟身高可达2～3米，下肢发达，十分强健，适于奔跑。大脑袋上长着钩状的巨喙，但一对翅膀却小得可怜。后来在南美也发现了大型不飞鸟的化石，它们被称作恐怖鸟，是一种凶猛的食肉动物。后来恐怖鸟神秘消失，而鸵鸟则大行其道，在第三纪时相当繁盛。

↓鸵鸟是"非鸟恐龙"

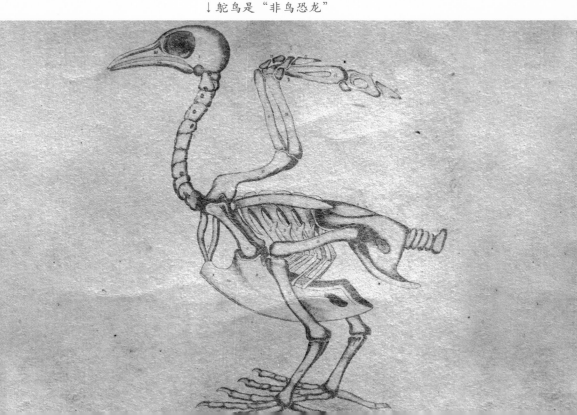

　　三叠纪是中生代的第一纪，是恐龙在地球上兴起的时期，本章将带着我们一起去看看最初的恐龙。万物都是在不断的演化、不断的竞争中逐渐发展和强大的，所以这些最开始出现的恐龙，或许还很原始，但是作为后来上亿年里世界的主宰者，它们已经锋芒初露了。

# 第二章

## 恐龙的兴起——三叠纪

# 最古老的始盗龙

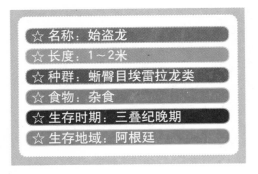

- ☆ 名称：始盗龙
- ☆ 长度：1～2米
- ☆ 种群：蜥臀目埃雷拉龙类
- ☆ 食物：杂食
- ☆ 生存时期：三叠纪晚期
- ☆ 生存地域：阿根廷

1993年，始盗龙化石被发现于南美洲阿根廷西北部一处极其荒芜的不毛之地——伊斯巨拉斯托盆地，该地属于三叠纪地层。在目前已发现的恐龙中，始盗龙是最原始的一种。

## 始盗龙的发现

始盗龙是保罗·塞雷那、费尔南都·鲁巴以及他们的学生共同发现的，同一个地点还发现了埃雷拉龙——也是一种颇为原始的恐龙。

始盗龙的发现纯属偶然，当时挖掘小组的一位成员在一堆弃置路边的乱石块里居然发现了一个近乎完整的头骨化石，于是挖掘小组趁热打铁，

对废石堆一带反复"扫荡"，没用多长时间，一具很完整的恐龙骨骼便呈现在眼前。更令人惊喜的是，这具骨骼是他们从来没有见过的品种。就这样，迄今为止最古老的恐龙被发现了，2.3亿年前，它就生活在这片土地上……

## 始盗龙的化石

根据始盗龙的骨骼化石，我们可以相当清楚地知道它是一种主要依靠后肢两足行走的兽脚亚目食肉恐龙，但也很有可能时不时"手脚并用"。虽然始盗龙仍然像它的初龙老祖宗一样有五根趾头，但是其第五根趾头已经退化，变得非常小了。

始盗龙手臂及腿部的骨骼薄且中空，站立时是依靠脚掌中间的三根脚趾来支撑它全身的重量，未来它的兽脚亚目子孙们都继承了这两个特征。但不同的是，始盗龙的第四根也是最后一根脚趾却只是起到行进中辅助支撑的作用而已。

## 始盗龙的特征

在始盗龙的上下颌上，后面的牙齿像带槽的牛排刀一样，与其他的食肉恐龙相似。但是前面的牙齿却是树叶状，与其他的素食恐龙相似。这一特征表明，始盗龙很可能既吃植物也吃肉。

始盗龙的一些特征表明，它是地球上最早出现的恐龙之一。例如，它有5个"手指"，而后来出现的食肉恐龙的"手指"数则趋于减少，到了最后出现的霸王龙等大型食肉恐龙只剩下两个"手指"了。再如，始盗龙的腰部只有三块脊椎骨支持着它那小巧的腰带，而当后来的恐龙个头越变越大时，支持腰带的腰部脊椎骨的数目就增加了。

不过，始盗龙也有一些特征与黑瑞龙以及后来出现的各种食肉恐龙一样。例如，它的下颌中部没有一些素食恐龙那种额外的连接装置。再如，它的耻骨不是特别大。

## 始盗龙的食肉习性

始盗龙那锯齿状的牙齿毫无疑问向大家表明了它肉食恐龙的身份，而且它拥有善于捕抓猎物的双手，从始盗龙的前肢化石，我们可以推测，始盗龙有能力捕抓并杀死同它体型差不多大小的猎物。虽然我们不能精确地重现这种恐龙的攻击行为和捕食过程，但是从它那轻盈矫健的身形就不难想象到，始盗龙能够进行急速猎杀，它的食谱肯定不仅仅限于小型爬行动物，说不定还包括最早的哺乳类动物——我们的祖先……

### 知识链接

#### 最早出现的恐龙

哪一种恐龙是最早出现的恐龙？这是古生物学者梦寐以求的答案，解开了这个谜底，我们对恐龙由何物演化而来就有了较明确的答案。可惜的是，由于化石证据的不充分，化石最多也就保留了当时动物界千万分之一的物种，远古时期的大部分生物还在我们的视野之外。就在20世纪中期，学界还把腔骨龙视为最古老的恐龙，后来，新的化石证据表明恐龙很可能起源于南美洲。阿根廷西北部有一个叫月谷的地方，古生物学者在这里发现了很多早期恐龙以及其他大型爬行动物的珍贵化石骨架。

↓始盗龙的化石

# 聪明的埃雷拉龙

☆ 名称：埃雷拉龙
☆ 长度：5米
☆ 种群：蜥臀目埃雷拉龙类
☆ 食物：哺乳动物、蜥蜴和其他恐龙
☆ 生存时期：三叠纪晚期
☆ 生存地域：阿根廷

埃雷拉龙生活在2.3亿年以前，是一种速度相当快的两足肉食性恐龙，也是最古老的恐龙之一，它证明了恐龙来源于同一个祖先。它与后来的肉食性恐龙有许多相同之处：锐利的牙齿、巨大的爪和强有力的后肢。体长5米，体重180公斤，以其他小型爬行动物为食。

## 埃雷拉龙的发现

埃雷拉龙类发现于南美洲的巴西、阿根廷及北美洲，并且很可能在三叠纪晚期遍布了整个冈瓦纳古陆。其中最著名的莫过于阿根廷的埃雷拉龙。同其后出现的兽脚类恐龙一样，埃雷拉龙的下颌非常灵活，并且能够有力地咬住并吞下很大的肉块。虽然埃雷拉龙与同期的大型初龙类动物有可疑的血缘关系，但它们表现出了兽脚类恐龙的共同特征：两足行走和能抓握的前肢。

## 敏锐的听觉

埃雷拉龙耳朵里有保存完好的精致的听小骨，这显示，这种恐龙可能具有敏锐的听觉。就那个时代而言，埃雷拉龙听觉灵敏，奔走迅速，可以捕捉小恐龙或其他小型动物。

## 埃雷拉龙的生物特点

埃雷拉龙有些地方类似于早期的蜥臀目恐龙，而且古生物学家在研究其骨盆结构后，发现不少肉食性恐龙和埃雷拉龙都有相同之处。这证明了恐龙同源说。

虽然已经找到了较为完整的化石，但是由于数量过于稀少，古生物学家只能确认埃雷拉龙的几个特点：有锐利的牙齿、巨大的爪子和强有力的后肢，以其他小型爬行动物为食，它的骨骼细而轻巧，这些条件使它成为了敏捷的猎手。

## 精彩的生活形态

埃雷拉龙一般生活在高地，它们灵活机敏，奔走迅速。它们可能会用类似鸟类的腿大步行走在植物茂密的河岸边，伏击或找寻食物，并且具有很长的后肢，能够直立。手部有爪可以紧抓猎物，因此能够比竞争对手跑得更快，也更具威胁性，一般的小猎物都逃不过它们的袭击。

### 知识链接

**埃雷拉龙的发现过程**

埃雷拉龙的第一块骨骼化石是阿根廷一位叫埃雷拉的农民无意中发现的。为了纪念他，这种恐龙就以他的名来命名。比较完整的骨骼化石直到1980年才被发现，这时距离第一块化石被发现已经3年了。这次出土了一具较为完整的埃雷拉龙骨骼化石，还有一些较零碎的碎片。

阿根廷西北部有一个叫作月谷的地方，科学家在这里发现了很多早期恐龙以及其他大型爬行动物的珍贵化石骨架。1988年的一天，到月谷来考察的美国古生物学家瑟里诺博士饭后在沙漠中散步的时候，发现了第一具埃雷拉龙头骨化石。这具头骨保存得相当完好，甚至连眼窝里面的骨环都完好无损。这个发现过程看上去简单得不可思议。

### 扩展阅读

**谁跟埃雷拉龙有亲缘关系？**

古生物学家在研究埃雷拉龙的骨盆结构后，发现这种结构并不是埃雷拉龙独有的。后来，人们在南美洲三叠纪中、晚期岩层中还发现了另外一些恐龙。包括十字龙、铁迪龙等，都被认为和埃雷拉龙有亲缘关系。

↓聪明的埃雷拉龙

# 空心竹
## ——腔骨龙

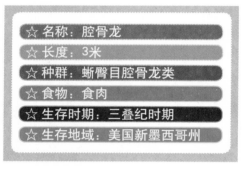

☆ 名称：腔骨龙
☆ 长度：3米
☆ 种群：蜥臀目腔骨龙类
☆ 食物：食肉
☆ 生存时期：三叠纪时期
☆ 生存地域：美国新墨西哥州

腔骨龙又名虚形龙，是北美洲的小型、肉食性、双足恐龙，也是已知最早的恐龙之一。它首先出现于三叠纪晚期的诺利阶。

## 腔骨龙的分类

腔骨龙属是独立的分类单元，其下只有一个物种：鲍氏腔骨龙。另外两个的物种——洛氏腔骨龙和威氏腔骨龙，由于不能鉴定而被认为是鲍氏腔骨龙的异名。生活于侏罗纪非洲南部的津巴布韦腔骨龙有可能属于此属别。在亲缘分支分类法中，腔骨龙是腔骨龙科中的一个演化支。

## 腔骨龙的体型

腔骨龙是最早发现几副完整骨骼的恐龙。腔骨龙的体型要比埃雷拉龙和始盗龙更为衍化。腔骨龙的头部具有大型洞孔，可帮助减轻头颅骨的重量，而洞孔间的狭窄骨头可以保持头颅骨的结构完整性，它的长颈部则呈"S"形。

腔骨龙的躯体与基本的兽脚亚目体型一致，但肩带则有一些有趣的特征，就是它们有着叉骨，是恐龙中已知最早的例子。腔骨龙的每只手有四指，其中只有三指是有功能的，第四指则藏于手掌的肌肉内。

## 腔骨龙的结构

腔骨龙的骨盆及后肢与兽脚亚目有少许差别。它因开放的髋臼以及笔直的脚跟关节，而被定义为恐龙。后肢脚掌有三趾，而后趾是不接触地面的。腔骨龙的长尾巴有不寻常的结构，在其脊椎的前关节突互相交错，形成半僵直的结构，似乎可制止它的尾巴上下摆动。当腔骨龙快速移动时，尾巴就成了舵或平衡物。

腔骨龙非常纤细，可能是种善于奔跑的动物。腔骨龙的头部长而狭窄，锐利的锯齿状牙齿显示它们为肉食性，可能以小型、类似蜥蜴的动物为食。它们可能以小群体方式集体猎食。

龙3年。在1998年1月22日，一具来自于卡内基自然历史博物馆的腔骨龙头颅骨被置入"奋进号"航天飞机中，以进行STS—89任务，并带到和平号太空站之中，然后随着航天飞机返回地球。

## 知识链接

### 恐龙进入太空？

腔骨龙是第二个进入太空的恐龙。慈母龙在1995年先进入太空，早于腔骨

## 扩展阅读

### 节目里的腔骨龙

腔骨龙的形象曾经出现在BBC的电视节目《与恐龙共舞》和探索频道的电视节目《恐龙纪元》之中，在节目中腔骨龙被叙述为以猎食昆虫与灵鳄为生。

↓鲍氏腔骨龙的体型

# 喜爱素食的里约龙

☆ 名称：里约龙
☆ 长度：10米
☆ 种群：蜥臀目蜥脚类
☆ 食物：食素
☆ 生存时期：三叠纪晚期
☆ 生存区域：阿根廷的里约、圣胡安

20世纪，考古学家在阿根廷里约的三叠纪地层中发现了一种新的恐龙化石，他们根据化石出土地将这种恐龙命名为"里约龙"。在当时，考古学家在散碎的化石遗骸中，发现了大量已经被磨平的尖锐牙齿，于是便将里约龙归入肉食性恐龙的行列，其实不然，里约龙是典型的素食主义者。

## 庞大的身躯

里约龙的头虽然很小，但却有着庞大的身躯，它的颈部很长，还有一条长长的尾巴。它的脊椎中空，可以减轻身体的体重。里约龙的身躯庞大笨重，有助于抵抗肉食性恐龙的袭击。它的四肢和大象的四肢一样粗壮，并且是实心的。另外长着爪子的手指数目也比较多。

## 里约龙的生活形态

科学家们认为，像里约龙这类大型、长颈的草食性恐龙是为了适应三叠纪晚期日渐干旱的气候而进化出来

里约龙庞大的身躯→

的，因为这种体型使它们可以吃到长在高处的植物。里约龙庞大的体型使它能够对抗早期大型肉食性恐龙的袭击。另外，里约龙的内部器官和食物的重量太大了，迫使里约龙必须用四脚行走来承担自己的体重。

## 扩展阅读

### "里约蜥蜴"

在蜥脚类恐龙演化出来之前，里约龙是地球上最大型的也是最重的陆生动物。它是以四肢行走的草食性恐龙，其名字的意思是"里约蜥蜴"。里约龙具有粗大的四肢和庞大的身体，长度和一辆公共汽车差不多。

## 知识链接

### 叶状的牙齿

里约龙具有叶状的牙齿，专为切碎植物纤维而设计，并不适用来切割肉类。但是科学家们一度认为里约龙是肉食性恐龙而不是草食性恐龙，因为出土的里约龙遗骸中混有尖锐的牙齿。后来，人们才知道这些牙齿是从吃死尸为生的肉食性恐龙嘴里掉落的。

# 群体出动的虚形龙

☆ 名称：虚形龙
☆ 长度：2.7米
☆ 高度：臀部至地0.55米
☆ 重量：180千克
☆ 食物：细小的动物，也可能是较大的素食动物
☆ 生存地域：美国新墨西哥州

在亚利桑那、康涅狄格等州也发现有十分近似的动物，不过是出自侏罗纪早期，虚形龙是最早的猎食恐龙之一。它们群体出动，活像一群野狼似的，沿着干涸的河床跑动。它们每一只都警觉着，用敏锐而机灵的眼睛向前张望，找寻食物。这种动物像鸟类一样长着长长的后腿，以支撑它们瘦长的身体，有一条挺直的尾巴来保持身体的平衡。奔跑时，它们将带有利爪的手缩进胸膛。

## 成堆的化石骨骼

在新墨西哥的一个石坑里，人们找到了一大堆虚形龙骨骼，所以有理

由相信恐龙是成群出动的。由于它们死在一起，据推测可能是山洪暴发，

将它们全部淹死；或者是它们聚居在沙漠绿洲的一个水泉旁，最后水干涸了，它们被渴死了。

第二种可能性看起来更大些，因为有些骨骼的胃里有虚形龙幼儿的尸体。据此可以看出：在情况变得非常恶劣时，成年的虚形龙为了求生，被迫吃掉了它们年幼的同类。

↓恐龙化石

## 团结就是力量

虚形龙一般成群地沿着干涸的河床缓缓地走动，它们有像切肉刀般的利牙，那窄长而灵活的嘴，使它们能叨到细小而灵巧的猎物。它们群体出动捕食猎物很像现在的野狼，因为集体出动能捕到大得多的猎物。

# 恐龙近亲
# ——翼龙

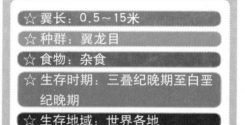

☆ 翼长：0.5～15米
☆ 种群：翼龙目
☆ 食物：杂食
☆ 生存时期：三叠纪晚期至白垩纪晚期
☆ 生存地域：世界各地

恐龙时代的天空也并不寂寞，那里飞行着恐龙的近亲——翼龙。

## 翼龙的种类

翼龙种类繁多，大小不一，形态各异，它们中间大的就像是一架活的滑翔机，而小的仅有麻雀那么大；有的头上长着奇怪的冠饰，有的拖着长长的尾巴，末端还有一个菱形的叶片；有的有疏离的尖牙，有的则没有牙齿。但它们有着很多共同点：有翅膀，骨骼中空，翼很薄，有利于在空中飞翔。它们都有巨大的喙嘴和相当好的视力，以鱼类和昆虫作为食猎的对象，有的也吃腐肉和植物。

## 尽职尽责的翼龙

对翼龙来说，养育后代是一件很费心费力的工作。为避免遭到其他恐龙的猎杀，它们一般都将蛋产在其他恐龙难以接近的地方，比如峭壁和树上。翼龙自己孵卵并把食物叼回来或回吐出部分未消化的食物来喂养自己的幼龙，直到小翼龙长大学会飞行和自己捕食为止。因为喂养和守护小翼龙的工作需要花很长时间，所以翼龙们很可能会在繁殖季节组成团队，互相协调合作。

↓翼龙

科学探索丛书

# 第三章

## 恐龙的发展——侏罗纪

侏罗纪时期是恐龙在地球上的快速发展时期，演变出各种分支和种群。不同种类的恐龙，或者为了食物，或者为了异性，也或者只是想看看谁更胜一筹，它们开始了程度不同的争斗。那就让我们一起来看看这一时期的恐龙吧，看看如果真有争斗的话，谁会赢呢？

# 庞大却轻盈的大椎龙

☆ 名称：大椎龙

☆ 长度：4～6米

☆ 种群：原蜥脚类恐龙

☆ 食物：食素

☆ 生存时期：2亿年前的侏罗纪早期

☆ 生存区域：非洲和北美洲

大椎龙，又名巨椎龙，属名在希腊文意为"巨大的脊椎"。大椎龙是原蜥脚下目的一属，生存于早侏罗纪赫塘阶到普林斯巴赫阶，约2亿年前到1亿8300万年前。大椎龙是在1854年由理查德·欧文根据来自于南非的化石而命名的，是最早命名的恐龙之一。大椎龙的化石已经在南非、莱索托以及赞比亚等地发现。

## 修长且轻盈的身体

大椎龙是种典型的原蜥脚类恐龙。它们的身体修长，颈部较长，具有大约9节长颈椎、13节背椎、3节荐椎以及至少40节尾椎。耻骨朝前，如

同大部分的蜥臀目恐龙。与同为原蜥脚类的板龙相比，大椎龙的身体较为轻盈。

大椎龙是种中等大小的原蜥脚类恐龙，身长约4米，体重接近135公斤，少数的研究则估计大椎龙的身长可达6米。大椎龙长久以来被认为是四足动物，但2007年的一份对于前肢生理构造的研究则认为，从它们的动作范围，排除了惯常用四足行走的可能。这个研究也认为大椎龙手部转动的幅度有限，排除了以指关节着地或其他形式的行走方式。

## 小而轻的头部

大椎龙的头部小，长度接近股骨长度的一半。头部的众多窝孔，减低了头部的重量，并提供肌肉附着处，容纳感觉器官，这些窝孔在头部两侧成对排列。头部前方为两个大型、椭圆形的鼻孔。眶前孔位于鼻孔与眼睛之间，小于板龙的眶前孔。

头部后方则为两对颞颥孔——位于眼窝后方中间的侧颞孔与头顶上侧的上颞孔。下颌两侧也有小型窝孔。

## 大椎龙的家族

　　大椎龙属于原蜥脚下目，原蜥脚下目是群早期蜥臀目恐龙，生存于三叠纪与侏罗纪，并在侏罗纪末期灭亡。原蜥脚下目的其他著名属包括板龙、云南龙与里奥哈龙。

　　大椎龙是大椎龙科的模式属，该科名称即来自于大椎龙。大椎龙科也包括云南龙。在2007年，耶茨提出近蜥龙类，而大椎龙科的大椎龙、科罗拉多斯龙、禄丰龙，以及云南龙属于近蜥龙类。同样在2007年，纳森·史密斯与迪亚戈·玻尔在他们的研究中，将大椎龙、科罗拉多斯龙、禄丰龙以及他们新发现的冰河龙，列入大椎龙科中。数个发现于阿根廷的疑似大椎龙化石，被建立为新属——远食龙，属于大椎龙科。

第三章　恐龙的发展——侏罗纪

### 扩展阅读

#### 早侏罗纪时期的气候

　　早侏罗纪时期的非洲南部应该是沙漠环境。在早侏罗纪时期，世界各地的动物群与植物群都很类似。蕨类适应炎热的气候，成为常见的植物，而各地的恐龙动物群主要由原蜥脚类与基础兽脚类恐龙组成。与大椎龙共存于非洲的同时期动物包括：早期的鳄形超目动物、兽孔目的三瘤齿兽科与三棱齿兽科、哺乳类的摩尔根兽科。

↓ 大椎龙庞大的身躯

# 百米冠军
## ——莱索托龙

米，体重不到10公斤。它的嘴边有角质的覆盖物，能够帮助把植物剪切下来，然后，嘴里那些形状不一的牙齿再对这些到口的食物进行处理，颌骨两边的牙齿是箭头形，很适合于咬住食物。

- ☆ 名称：莱索托龙
- ☆ 长度：1米
- ☆ 种群：鸟臀目棱齿龙类
- ☆ 食物：低矮植物
- ☆ 生存时期：侏罗纪早期
- ☆ 生存地域：非洲莱索托王国

莱索托龙是鸟臀目恐龙的一个属，由古生物学家彼得·加尔东在1978年命名，属名意思为"莱索托的蜥蜴"。

### 小巧玲珑的莱索托龙

莱索托龙起初被认为是鸟脚下目动物。然而，后来保罗·塞里诺的研究显示它可能代表目前已知最原始的鸟臀目恐龙之一。在2008年，巴特勒公布另一版本的研究，认为莱索托龙是种非常早期的装甲亚目恐龙，装甲亚目演化支包含剑龙下目、甲龙下目。斯托姆博格龙可能是莱索托龙的成年个体。

小巧玲珑的莱索托龙身长不到1

### 敏捷的捕食技巧

莱索托龙虽然个头小，但是由

↑小巧玲珑的莱索托龙

于身体结构上表现出的良好平衡性保证了它们具有动作敏捷的特点，因而它们依然能够在资源有限而又时刻潜伏着捕食者危机的环境里很好地适应着、生活着。

## 知识链接

### 莱索托龙生存的年代

莱索托龙生存于早侏罗纪热而潮湿的莱索托与南非。人们曾在一个洞穴中，发现两个个体挤在一起，它们可能有夏眠的行为。莱索托龙的化石是在上艾略特组地层发现的，地质年代是早侏罗纪的赫唐阶到锡内穆阶。

## 扩展阅读

### 活跃的恐龙队伍

亿万年前的侏罗纪早期，鸟臀类恐龙中的鸟脚类也是相当活跃的一支恐龙队伍。发现于南非的莱索托龙就是其中的重要代表。莱索托龙的分类历史相当复杂，长期以来与法布尔龙混淆，法布尔龙是相同地区发现的另一种小型鸟臀目动物。2005年公布的一项鸟臀目种系发生学研究认为，莱索托龙是新鸟臀类演化支的基础物种，新鸟臀类演化支包括肿头龙下目、角龙下目以及鸟脚下目。

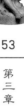

# 水边猎手
# ——鲸龙

☆ 名称：鲸龙
☆ 长度：18米
☆ 种群：鲸龙类
☆ 食物：蕨类叶片和小型的多叶树木
☆ 生存时期：1.6亿年前
☆ 明显特征：脖颈相对较短

鲸龙是发现得最早的恐龙之一。鲸龙在某些方面还很原始：它的背骨是实心的，而后来的蜥脚类恐龙的背骨有了空腔——用来减轻重量。

## 庞大的身躯

鲸龙庞大的身躯靠柱状的四肢支撑着，其前后肢长短差不多，大腿骨约有两米长，背部基本保持水平状态。鲸龙的牙齿可能像耙子一样，可以扯下植物的叶子。生物学家目前还未发现完整的鲸龙头骨化石。根据其牙齿化石推测，鲸龙的头部较小。

## 几乎实心的脊骨

鲸龙的脊骨几乎是实心的，与后期的腕龙等蜥蜴类恐龙相比显得结实厚重。而且鲸龙的脊骨在中枢椎体中还存在一些没有用处的部分，其神经脊和椎关节也不如腕龙的长和强健。但是其脊骨上有许多海绵状的孔洞，有点类似于现代的鲸鱼。

## 海滨漫步

鲸龙生活在中生代海滨低地，那里气候潮湿，植被非常茂盛，是植食性恐龙的理想家园，当时这片海域主要分布在现代的英国。鲸龙的颈部并不灵活，只能在不到3米的弧线范围内左右摇摆，所以，鲸龙只可以低头喝水，或是啃食蕨类叶片和小型的多叶树木。据猜测，大多数时间，鲸龙都是在海滨的低地到处游荡，伺机觅食。

## 鲸龙的分类

鲸龙的近亲似乎是巨脚龙及南美

洲的巴塔哥尼亚龙，它们一起组成了鲸龙科，以往这个科的恐龙是一些不明的原始蜥脚下目。

长约15米。

第
三
章

恐
龙
的
发
展
——
侏
罗
纪

### 知识链接

#### 像鲸龙的恐龙

似鲸龙是1972年由一位名叫许纳的美国古生物学家命名的，意思是"像鲸龙的恐龙"，它确实与鲸龙非常相似。这种恐龙生活在侏罗纪晚期的英国南部和瑞士，和鲸龙同属于蜥脚类恐龙，体

### 扩展阅读

#### 古生态环境

鲸龙是侏罗纪中至晚期的蜥脚下目恐龙，生活在距今约1.81亿～1.69亿年前的欧洲英国及非洲摩洛哥。鲸龙与斑龙及美扭椎龙是同时期的恐龙，且可能是它们的猎物。鲸龙所生活的环境是平原及疏林地。

↓鲸龙

# 大笨钟
## ——剑龙

☆ 名称：剑龙

☆ 长度：6~9米

☆ 食物：植物，可能是苏铁和蕨类的嫩芽

☆ 生存时期：侏罗纪晚期

☆ 生存地域：美国新墨西哥、南达科他、科罗拉多、俄克拉荷马、犹他和怀俄明等州。同属的动物曾生活在英格兰、坦桑尼亚和中国。

剑龙是一种巨大的恐龙，是生存于侏罗纪晚期的四只脚的食草动物。它们被认为是居住在平原上，并且以群体游牧的方式和其他如梁龙的食草动物一同生活。它的背上有一排巨大的骨质板，以及带有四根尖刺的危险尾巴来防御掠食者的攻击。

## 长着小脑袋的庞然大物

剑龙的脑容量不比狗的脑容量更大，因此与整个身体相比之下便显得相当渺小。剑龙的身体庞大且沉重，在所有剑龙下目之中最大，大概相当于一辆巴士。它们的背部曲线呈弓状弯曲，后肢比前肢更长。头部靠近地面，而尾部则伸向空中。关于剑龙身上的尖刺与板状物的用途，有许多不同的推论。尖刺很可能是用来防御，而板状物除了防御之外，或许还能用来示威与调节体温。

## 有趣的形态结构

剑龙的头尾长大约是9米，高度则大约4米。剑龙有4只脚，它们的后脚有3个脚趾，而前脚则有5个。四肢皆由位于脚趾后方的脚掌支撑。剑龙的后脚比前脚更长也更强壮，使姿态变得前低后高。它们的尾部明显高于地面许多，而头部则相对较为贴近地面，能够离地不超过1米。

狭长的颅骨在整个剑龙身体中只占一小部分。与大多数的恐龙不同，在剑龙的眼睛与鼻子之间，并没有一个称为眶前孔的洞口。这种特征出现在大多数初龙类动物中，其中现存的鳄鱼已经失去了这个特征。位置较低

的头部，可能用来观察低矮的植物，并且以这些植物为食。剑龙的门齿消失，取而代之的是喙状结构，这也显示了它们的食性。剑龙的牙齿较小，并且呈三角形，因为缺乏研磨面，所以这些牙齿用来进行研磨的作用不大。此外，牙齿在下颌的排列方式，显示出剑龙拥有突出的脸颊。

## 剑龙所属分类

剑龙属是剑龙科之中的模式属，也是其中首先获得命名的属。而剑龙科则是剑龙下目底下两个科的其中一科，此下目中的另一科称为华阳龙科。剑龙下目属于装甲亚目，在此亚目当中还包含甲龙下目。剑龙下目中的动物在外表、姿态与形状上比较相似，主要的差异在于身上的板状物与尖刺。与剑龙属较为亲近的物种还有中国的乌尔禾龙与东非的钉状龙。

## 草食性恐龙

剑龙在侏罗纪晚期物种丰富且在地理分布上广泛，古生物学家认为它们所吃的食物包括苔藓、蕨类、木贼、苏铁、松柏与一些果实。同时由于缺乏咀嚼能力，因此它们也会吞下胃石，以帮助肠胃处理食物，这种行为也出现在现代鸟类及鳄鱼当中。

剑龙与相近的恐龙皆属于草食性，不过它们的进食策略与其他的草食性鸟臀目恐龙有所不同。剑龙并不像现代草食性哺乳类一样以地面上低矮的禾本科植物为食，因为这类植物是在白垩纪晚期才演化出来，那时剑龙早已灭绝许久。其他的鸟臀目恐龙拥有能够碾磨植物的牙齿，以及水平运动的下颚，而剑龙（包括剑龙下目）的牙齿则缺乏平面，使牙齿与牙齿之间无法闭合，它们的下颚也无法水平运动。

关于剑龙低矮的觅食行为策略有一种假说，认为它们吃较矮的非开花植物的果实或树叶，并且认为剑龙最多只能吃到离地1公尺的食物。另外，如果剑龙能够以两只后脚站立的话，那么它们就能够找到并吃到更高的植物。对于成年个体来说，能够达到离地6公尺的高度。

↓剑龙的生存环境

# 小美女
# ——美颌龙

☆ 名称：美颌龙
☆ 长度：0.7~1.4米
☆ 食物：食肉
☆ 种群：蜥臀目异龙类
☆ 生存时期：侏罗纪晚期
☆ 生存地域：德国、法国

美颌龙，又称细颚龙、细颈龙、新腭龙，是一种细小的双足肉食性兽脚亚目恐龙。古生物学家于19世纪50年代及差不多一世纪后，先后在德国及法国发现了两个保存完好的化石，美颌龙的化石是较为完整的骨骼。

现时已知的物种只有长足美颌龙，直至20世纪80年代及20世纪90年代，美颌龙都是已知最细小的恐龙，搜集得来的美颌龙标本只有约1米长。但是后期发现的恐龙，如亚洲近颌龙、小盗龙及小驰龙的体型则更细小。

## 细小的美颌龙

美颌龙有着长长的后肢及尾巴，以便在运动时平衡身体。前肢比后肢细小，手掌有三指，都有着利爪，用来抓捕猎物。踝部高，足部类似鸟类，显示出它们的行动非常敏捷。

美颌龙那细致的头颅骨很窄很长，鼻端呈锥形。头颅骨有五对窝孔，最大的是其眼窝，窝孔之间为纤细的骨质支架，眼睛在头颅骨的比例上较大。美颌龙下颚幼长，但没有初龙类普遍的颚骨窝孔。牙齿小而锋利，适合吃细小的脊椎动物及其他动物，如昆虫。除了在前颌骨的最前牙齿外，其他的牙齿都有锯齿。科学家们就是用这个特征来辨别美颌龙及它的近亲的。

## 栖息环境

在侏罗纪晚期，欧洲是一片干旱及热带的群岛，位于古地中海的边缘。发现美颌龙的石灰岩源自从海洋生物的壳所生成的方解石。发现美颌龙的地层还包含了一些海洋动物的化石，如鱼类、介虫、棘皮动物及海洋软体动物，确定了它是栖息在海岸的。没有其他的恐龙与美颌龙一同被

发现，可见这细小的恐龙是这些岛上的最佳捕猎者。两个发现美颌龙的地点都是坐落于海滩与珊瑚礁之间的礁湖。与美颌龙同时代的包括始祖鸟、喙嘴龙及翼手龙。

## 美颌龙家族

美颌龙的名字亦被用在美颌龙科上，这科包括了大部分晚侏罗纪至下白垩纪在中国、欧洲及南美洲的细小恐龙。多年来美颌龙都是唯一的成员，直至近年古生物学家发现了几个相关的属。支缘包括极鳄龙、华夏颌龙、小坐骨龙、中华龙鸟、侏罗猎龙及棒爪龙。

因单爪龙与美颌龙科的相似性，单爪龙曾一度被认为是属于此科，但这已于1998年被否定了，被认为是趋同演化。美颌龙及它的近亲在虚骨龙类中的地位不明。有些人认为美颌龙科是基础虚骨龙类，而其他的人认为它们属于手盗龙类。

↓美颌龙家族

### 知识链接

趋同演化是指在进化生物学中，两种不具亲缘关系的动物长期生活在相同或相似的环境，或曰生态系统，它们因需要而发展出相同功能的器官的现象，即同功器官。如蝙蝠从陆生到进化发展出翼状前肢，能够飞行捕食空中的小昆虫，这和昆虫以及鸟的翅膀的发生不一样。但两者的功能——飞行是一致的。还有鸭嘴兽毒液和其他动物毒液的相似性是趋同演化的结果。

### 扩展阅读

**电影中的小恐龙**

长期以来，美颌龙因为它们的体型小而著名，而大部分的其他小型恐龙晚于美颌龙至少一个世纪才被发现。美颌龙在电影《侏罗纪公园：失落的世界》中，被错认为三叠美颌龙，结合美颌龙的属名以及原美颌龙的种名，原美颌龙是美颌龙的三叠纪远亲，出现在《侏罗纪公园》的原著小说。美颌龙通常被叙述成小群体动物，但没有科学证据显示美颌龙与原美颌龙有这种社会行为。

# 神秘剑客
# ——角鼻龙

☆ 名称：角鼻龙
☆ 长度：6米
☆ 种群：蜥臀目角龙类
☆ 食物：食肉
☆ 生存时期：侏罗纪晚期
☆ 生存地域：北美洲

在侏罗纪晚期，有一种个子大却很凶残的食肉恐龙，从外形上看，它与其他的食肉恐龙没有太大区别，都是大头、粗腰、长尾、双脚行走、前肢短小、上下颌强健、嘴里布满尖利而弯曲的牙齿，但它的鼻子上方生有一只短角，两眼前方也有类似短角的突起，看起来怪异无比，这可能就是它被称为角冠龙的原因吧。

## 神秘的角斗士

角鼻龙又名刺龙或角冠龙，是晚侏罗纪的大型掠食性恐龙，化石在北美洲、坦桑尼亚、葡萄牙被发现。它的特征是大型的嘴部、像短刃的牙齿、鼻端的一个尖角，以及眼睛上的一对小角。角鼻龙是种典型的兽脚类恐龙，有着大型头部、短前肢、粗壮的后肢及长尾巴。

角鼻龙的神秘鼻角是由鼻骨的隆起形成。一个角鼻龙的幼年标本，鼻角分为两半，仍没有愈合成完整的鼻角。除了大型鼻角，角鼻龙的每个眼睛上方都有一块隆起棱脊，类似异特龙。这些小型棱脊是由隆起的泪骨形成。

## 备受争议的分类

角鼻龙以及它的近亲种类的分类一直都备受争议。角鼻龙的近亲包括锐颌龙、轻巧龙以及阿贝力龙超科的食肉牛龙。如果角鼻龙属于腔骨龙超科，则太过先进、太类似基础坚尾龙类，也过于大型、晚期，但作为肉食龙下目则在很多方面很原始。

以往角鼻龙、白垩纪的阿贝力龙类及原始的腔骨龙超科都是分类在角鼻龙下目中，是一类在兽脚亚目中较接近角鼻龙的恐龙。

## 饮食秘密

角鼻龙与异特龙、蛮龙、迷惑龙、梁龙及剑龙生存在相同的时代与地区。它的体型较异特龙为小，可能有着与异特龙完全不同的生态位。角鼻龙有着比例较长及更灵活的身体，尾巴左右较扁，形状像鳄鱼。这显示它比异特龙更适合游泳。在2004年，一项研究指出，角鼻龙一般狩猎水中猎物，如鱼类及鳄鱼，不过它亦可能猎食大型的恐龙。这项研究还指出，有时成年的角鼻龙及幼龙会同时觅食。当然这个论点仍有争议的地方，而在陆地的大型恐龙上常发现角鼻龙的牙齿痕迹，因为它很有可能也以尸体为食。

### 知识链接

#### 鼻角之谜

自从第一具角鼻龙的化石被发现以后，关于那只神秘的"鼻角"就有了许多猜测。曾经有人提出角鼻龙的鼻角是种攻击、防御的武器，但是这个理论现在多不被采纳了。一些科学家认为这个鼻角不可能是用来攻击或防御的，而是在物种内的打斗行为上派上用场，是用在同一物种之间的非致命打斗行为。

→神秘的角斗士——角鼻龙

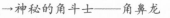

### 扩展阅读

#### 恐龙会游泳吗？

恐龙生活的地方河流湖泊纵横，它们经常需要与水打交道。但是，恐龙都会游泳吗？事实上只有很少的一部分恐龙能够游泳。诸如有些蜥脚类恐龙在逃避肉食恐龙的追捕时能够进入河流中躲避。不过它们都只能做一些简单的游泳。根据一些科学家的推测，大部分肉食恐龙不喜欢在水中生活，它们喜欢生活在比较干燥的地方，角鼻龙也是如此。

# 恐怖杀手
## ——异特龙

☆ 名称：异特龙

☆ 长度：7~9.5米

☆ 食物：其他恐龙

☆ 重量：1.5吨

☆ 生存时期：侏罗纪晚期

☆ 生存区域：美国科罗拉多、犹他、怀俄明和俄克拉荷马等州

异特龙又称跃龙或者异龙，是兽脚亚目肉食龙下目恐龙的一属。自从在1877年被奥塞内尔·查利斯·马什命名以来，已有许多的可能种被归类于异特龙属，但只有少数被认为是有效种。

## 大型恐怖杀手

异特龙是种典型的大型兽脚类恐龙，拥有大型头颅骨、粗壮的颈部、长尾巴以及缩短的前肢。它们生存于1.55亿~1.45亿年前，晚侏罗纪时期。脆弱易特龙是最著名的种，平均身长为8.5米，而最大型的异特龙标本的身长估计为9.7米，体重为2.3吨。

在兽脚亚目之中，异特龙的头颅骨、牙齿与身体的比例适中。异特龙的牙齿都为锯齿状，越往嘴部深处，牙齿就越短、狭窄、弯曲。这些牙齿很容易脱落，所以它们会不断地生长、替代，并成为常发现的化石。

异特龙的眼睛上方拥有一对角冠，由延伸的泪骨所构成，角冠的形状与大小随着个体的不同而不同。鼻骨的上方也有一对低矮的棱脊，并沿着鼻骨，连接到眼睛上的角冠。这些角冠可能覆盖着角质，并具有不同的功能，例如，替眼睛遮蔽阳光等。

异特龙的头颅骨是由个别的骨头所组成，而骨头之间有可活动关节。它的头颅骨后上方也有一个棱脊，可供肌肉附着，这个特征也可见于暴龙科动物。异特龙脑壳顶部较薄，可能有促进脑部体温调节的作用。

## 生活环境

异特龙是美国西部莫里逊组地层中最常见的大型兽脚亚目化石，它们位于该地食物链的最上层。莫里逊组被认为是半干旱的环境，具有明显

↑异特龙——大型恐怖杀手

齿痕，可能是由角鼻龙或蛮龙所留下的，这显示异特龙可能也是其他兽脚类恐龙的食物来源选择之一。它的耻骨是位于腹部下缘，夹在两腿之间，是身体最庞大的地方之一。显示这只异特龙是在死后，尸体被其他恐龙所吞食。

的雨季和旱季，地形为平坦的泛滥平原。该地层的植被是由针叶树、树蕨、蕨类所构成的树林，以及由蕨类所构成的疏林莽原。

## 迷人的化石层

在犹他州的克利夫兰劳埃德采石场，有一个数量众多的化石层。这个化石层包含超过10000个骨头，大部分属于异特龙化石，但也有其他恐龙化石，例如剑龙与角鼻龙。如此众多的动物化石为何集中于同一地点，目前仍不清楚。而且肉食性恐龙的比例大于草食性恐龙，这种状况非常的少见。

这个化石层被解释成群体猎食所造成的，但很难证实。还有一个可能性是克利夫兰劳埃德恐龙采石场在过去是个"掠食者陷阱"，类似拉布雷亚沥青坑，造成大量的掠食者陷入无法挣脱的沉积层中。

化石考察中，在一个异特龙的耻骨末端发现了另一个兽脚类恐龙的

### 知识链接

#### 断层扫描异特龙

一个针对异特龙脑部的电脑断层扫描发现，它们的脑部与鳄鱼和鸟类有较多的共同点。前庭器官的结构显示它们的头部保持在几乎水平的位置，而非朝上或朝下。内耳的结构类似鳄鱼，所以异特龙可能容易听到低频的声音，也可以听到细微的声音。

### 扩展阅读

#### 肉食恐龙"大艾尔"

在大众文化中，异特龙与暴龙皆是大型肉食性恐龙的代表。异特龙也是博物馆常见的恐龙之一。异特龙也出现在BBC的电视节目《与恐龙共舞》的第二集与第五集。而《与恐龙共舞》的特别节目《异特龙之谜》，则是以著名的"大艾尔"（在1991年发现的"大艾尔"标本，是最著名的异特龙化石之一，它是个相当完整的天然状态标本）作为主角，叙述了它的一生。

# 小诸葛
## ——嗜鸟龙

☆ 名称：嗜鸟龙

☆ 长度：1.8米

☆ 食物：肉类——可能捕食小生物，也可能食腐尸的肉

☆ 生存时期：侏罗纪晚期

☆ 生存地域：美国怀俄明州

嗜鸟龙意为"偷鸟类者"，是种小型兽脚亚目恐龙，生存于晚侏罗纪的劳亚大陆西部，约为现在的北美洲。

## 精明又强悍

嗜鸟龙就像小型的矮脚马那么大，它属于小型恐龙中的一员。当它在追赶猎物时用长长的尾巴平衡自己的身体，然后利用它的第三个小手指像人类的拇指那样，向内弯曲，以便帮助它抓握住扭动挣扎着的猎物。

嗜鸟龙前肢上的其他两个手指特别长，很适合抓紧猎物。尽管我们从它的名字上看，嗜鸟龙是以偷食鸟类为生的，但实际上，没人能确认它是否可以捕捉到鸟。嗜鸟龙具有超常的视觉能力，可以帮助它辨认奔跑或躲藏在蕨类植物及岩石下面的蜥蜴和小型哺乳动物。一旦这些倒霉的动物被捉住，嗜鸟龙便会十分迅速地利用自己锋利而弯曲的牙齿杀死它们。

## 捕食进行时

嗜鸟龙的体重很轻，但后脚则像鸵鸟一样强韧有力，而且还很长，所以跑得很快。它的前肢较短，可以握东西，许多躲在岩缝中的蜥蜴、草丛中的小型哺乳类以及小恐龙，都逃不过它的魔掌。嗜鸟龙的头顶上有一个小型头盖，牙齿很厉害，能快速追捕猎物，也能逃避那些因巢穴被掠而狂怒的大恐龙。

有些专家认为它会捕鸟，但仍有待考证，不过，由于牙齿又长又尖像把短剑，所以这点可以证明它是肉食性恐龙。没有证据显示它曾真的捕食过鸟类，也不知道当初为什么得了嗜鸟龙这个名称。

## 知识链接

### 仅有的化石

到目前为止，人们只发现了一具完整的嗜鸟龙骨架。对于嗜鸟龙的了解几乎都来自单一个化石，该化石在1900年发现于怀俄明州的科莫崖附近。后来又发现了一个手部化石，被归类于嗜鸟龙，目前被归类于长臂猎龙。莫里逊组（侏罗纪晚期积岩层）的嗜鸟龙化石，发现于第二地层带。

## 扩展阅读

### 杀过行为

在动物界有一种奇特的现象，叫杀过行为，即某些动物在一次捕猎中杀死远远超过自己食量的猎物。科学家推测，嗜鸟龙可能也存在这种行为。它们会杀死一些刚出生的晰角类恐龙，然后扔下尸体扬长而去。至于为什么嗜鸟龙会产生这种行为，科学家认为这不过是它们用来练习捕猎技巧的手段罢了。但是真相到底如何，还不得而知。

↓嗜鸟龙化石

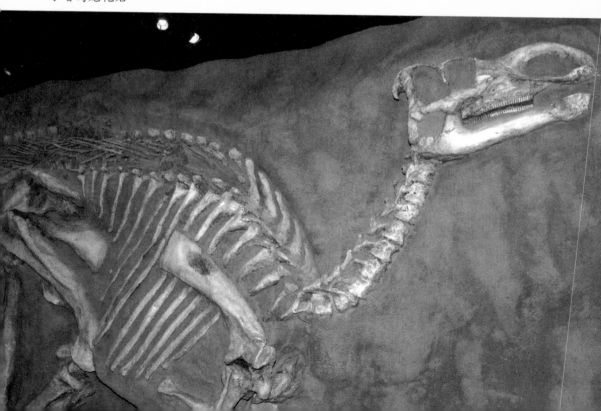

# 敦实憨厚
## ——圆顶龙

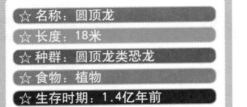

☆ 名称：圆顶龙
☆ 长度：18米
☆ 种群：圆顶龙类恐龙
☆ 食物：植物
☆ 生存时期：1.4亿年前
☆ 生存区域：北美洲

圆顶龙意为"圆顶状的蜥蜴"，是一种晚侏罗纪在北美范围分布很广的大型蜥脚类，是北美洲最常见的大型蜥脚下目恐龙。

## 厚重的身躯

圆顶龙代表了蜥脚类的一支演化支系，形态上与蜀龙有很多相似之处。表现在外形上，主要是脖子比躯干长不了多少，而躯干很壮。其实，这类动物最大的特征是头骨上开孔大，结构较为轻巧，两个鼻孔分别开在头骨的两侧，口中生着勺形的牙齿。

圆顶龙不仅体型大，体长可达

18米，体重可达30吨，而且在骨骼上已演化出协调巨大体重的结构。腿骨粗壮圆实，适于承重，脊椎骨坑凹发达，显得轻便。这种动物的勺形牙齿较为粗大，从牙齿（当磨损坏了时，它还能长出新的牙来代替原来的旧牙）严重磨蚀的情况看，它也能吃些质地粗糙的食物。

## 喜爱群居生活

圆顶龙是北美地区最著名的恐龙之一，它们生活于晚侏罗纪时期开阔的平原上，距今约1.55亿～1.45亿年前。1997年和1998年，在美国怀俄明州发现两头成年圆顶龙及一头12.2米长的幼龙集体死亡的化石记录。这显示圆顶龙是以群族（或最小是以家庭）来行动的。

圆顶龙是群居动物，它们不做窝，而是一边走路一边生小恐龙。而且，圆顶龙蛋被发现时都是连成一条线的，并非整齐地排列在巢穴之中，可见圆顶龙并不照顾它们的幼龙。

## 喜食植物

圆顶龙还是草食动物，它们吃东西时不嚼，而是将叶子整片吞下，它们吃蕨类植物的叶子以及松树。圆顶龙有个非常强壮的消化系统，它会吞下砂石来帮助消化胃里其他坚硬的植物，食植物的圆顶龙腿像树干那样粗壮，可以稳稳地支撑起它全身巨大的体重。

## 化石大发现

沿着洛基山脉东边的莫里逊组，是丰富的晚侏罗纪岩层的延伸。大量的恐龙物种于此处发现，包括圆顶龙的亲属，如梁龙、迷惑龙及腕龙。但是，圆顶龙是所有恐龙在这个地层中最多的，并且在科罗拉多州、新墨西哥州、犹他州及怀俄明州有着数具完整的骨骼。

美国还曾发现了丰富的圆顶龙化石遗址，其中不乏保存非常完好的个

↓ 圆顶龙海滨漫步

体，有一具长约6米的小个体，骨架完好如初，其埋藏姿态，就像一只奔腾的骏马。从这具精美的化石标本上，人们了解到：恐龙的幼体较之于成体，头骨比例更大，眼眶尤其明显，脖子相对较短，多数骨骼上的骨缝没有愈合。

### 知识链接

#### 一个头，两个脑？

圆顶龙有很多保存完好的标本被古生物学家发现。圆顶龙的拱形头颅骨是其名字的由来，它的头颅骨短而高，明显呈方形，一些研究还指出，圆顶龙的头颅骨的窝孔之间隔着细细的骨棒，颌部骨头厚实。圆顶龙的脊髓在臀部附近扩大，古生物学家原先相信这可能是第二个脑部，用来调节身体动作。现在的意见是，虽然在这个位置上可能有着很多的神经，但却不是脑部，但是这个扩大了的地方比起它头颅骨内的脑部却大很多。

第三章 恐龙的发展——侏罗纪

# 雷公闪电
## ——雷龙

| ☆ 名称：雷龙 |
| --- |
| ☆ 长度：约26米 |
| ☆ 高度：至髋部约4.5米 |
| ☆ 重量：32吨 |
| ☆ 食物：植物，可能大部分是树顶的叶子和针叶 |
| ☆ 生存时期：侏罗纪晚期 |
| ☆ 生存地域：美国科罗拉多、俄克拉荷马、犹他和怀俄明等州 |

雷龙的正式名称叫迷惑龙，是蜥脚下目梁龙科下的一个属，生活于侏罗纪的启莫里阶到提通阶之间，约1.5亿年前。它们是陆地上存在的最大动物之一，身长约26米，体重介于24～32吨。

### 轰轰雷声何处来

1亿4000万年前的午后时分，在一片茂密的北美洲丛林里，翼龙和始祖鸟在树上歇着，偶尔扇动几下翅膀，林中时而传来几声昆虫的鸣叫，森林里一片安静。突然，一阵"轰轰"的声音，由远而近，越来越响，好像雷声一样沉重。然而，天上除飘浮的朵朵白云外，碧空如洗，毫无变天的迹象。晴天打雷，岂不是很怪异？

就在这时，一群巨大的蜥脚类恐龙，从密林中缓缓走来。因为它们脚步沉重，声音巨大，每踏下一步，就发出一声"轰"响，好像雷鸣一般，所以古生物学家给这种恐龙取了一个形象的名字——雷龙，意思是"打雷的蜥蜴"。

### 高耸入云的身体

雷龙的重量可达27吨，体长大约为26米，它的脖子8米长，实际上比体躯还长。它的尾巴大约长9米，它站立时地面到臀部，大约4.5米高。而它身体后半部比肩部高，但当它以后脚跟支撑而站立起来，它真像是高耸入云。

雷龙自发现以后，便"身世"不凡，起初人们把它视为最重的恐龙。之后，美国一家石油公司耗费巨资，用它的复原形象做广告，令其到了家喻户晓的程度。其实，当初的雷龙复

原像并不准确，长脖子的顶端生着圆顶龙似的头骨，这是因为雷龙刚出土时没有头骨，专家们认为它应该长着圆顶龙样子的头骨，所以，工作人员就把圆顶龙的头骨装到了雷龙的骨骼化石上。

后来，完整的雷龙骨骼化石出土了，新一代的恐龙专家们终于弄清楚了雷龙头骨的样子。雷龙的头骨与梁龙的头骨相似，较为低长，侧面看上去呈三角形，喙端很低，只有一个鼻孔，且位于头的顶端。雷龙口中的牙齿较少，生长并附着在颌骨的前部，牙齿呈棒状，好像铅笔头。

## 其实我很善良

虽然拥有一个威猛的名字，但雷龙却是一种典型的植食性恐龙。它们主要以羊齿类和苏铁类植物为食，性格温顺，过着群居生活，并且懂得保护弱小。它像山一样的大个子，长着一条长脖子和一个很相称的小脑袋，头小身子大的雷龙，一定要花大量的时间来吃东西，而且还狼吞虎咽。食物从长长的食管一直滑落到胃里，在胃里，这些食物会被它不时吞下的鹅卵石磨碎。

↓ "高耸入云"的雷龙

# 刺猬王
# ——钉状龙

☆ 名称：钉状龙
☆ 长度：约4.5米
☆ 种群：剑龙科恐龙
☆ 食物：食素
☆ 生存时期：侏罗纪晚期

钉状龙又名肯氏龙，属剑龙科恐龙，钉状龙与北美洲的剑龙是近亲，但是体型大小、身体灵活度与防御用的板甲形状又与剑龙不同。成年钉状龙的身长约4.5公尺，钉状龙的后背到尾巴分布着尖刺，而不是板甲，它的肩膀或臀部两侧可能有尖刺。

## 小个头有大智慧

钉状龙属于剑龙类，不过它的个头只有剑龙的四分之一，跟一头大犀牛差不多大小，算是剑龙家族里的小个子。钉状龙与剑龙生活在同一年代，但它的大小仅是剑龙的四分之一。它啃食地面上低矮的灌木植物。用四条短粗的小腿载着沉重的身躯行走。

钉状龙从背至尾，贯穿着两排甲刺。前部的甲刺较宽，而从中部向后，甲刺逐渐变窄、变尖。在双肩两侧和额外长着一对向下的利刺，钉状龙用这些甲刺作为自己防身的武器。钉状龙生活在一些体型巨大的恐龙周围，如腕龙和叉龙，这些庞然大物生活在今天东非的坦桑尼亚一带。

## 似而不同

钉状龙与剑龙属最主要的差别在于，剑龙属缺乏臀部与尾巴连接处附近的一对显著的尖刺。钉状龙股骨的长度与腿的其他部分相比，显示它们是种缓慢而不活跃的恐龙。钉状龙可能用后腿直立起来以接触树叶、树枝，但正常的状态应该是完全四足状态。

钉状龙与剑龙属的相似处与相异处，可用大陆漂移学说解释。在坦桑尼亚腾达古鲁地区发现的钉状龙化石，以及北美洲发现的剑龙属化石，两者之间的相似处显示，现在分离的这两个地区，过去一度是一个超大陆的一部分，该超大陆名为盘古大陆，而北半部分则称为劳亚大陆。

现在分离的这两个地区，过去应该有非常类似的气候，才能生存如此类似的物种。同时，钉状龙与剑龙属的相异处可解释它们不同的祖先，因为随后的板块运动而分隔两地，两个生物群在不断的演化下产生改变。

## 吃素也不易

如同其他剑龙类恐龙，钉状龙是种草食性恐龙。但不同于其他鸟臀目恐龙，剑龙类的牙齿小，磨损面平坦，颌部只能做出上下运动。钉状龙的颊齿呈独特的铲状，齿冠不对称，牙齿边缘只有七个小齿突起。

钉状龙经常吃地面低矮的灌木，不过这也是没办法的，别的植食恐龙长得太巨大了，根本就抢不过那些大家伙。但是，聪明的钉状龙很会寻找食物，即使是干旱的季节也难不倒它，它总有办法找到湿润土壤里的植物。

### 知识链接

**有关大脑的猜想**

化石显示，在钉状龙的臀部有一个空腔。因此，有考古学家认为，和剑龙一样，钉状龙也有两个大脑，而臀部这个空腔就是存放第二个大脑的。不过，后来的研究证实，所谓第二个大脑只是钉状龙后肢和尾巴之间的神经中转站，主要作用是控制其后肢和尾巴的神经，根本没有大脑的作用。

↓钉状龙

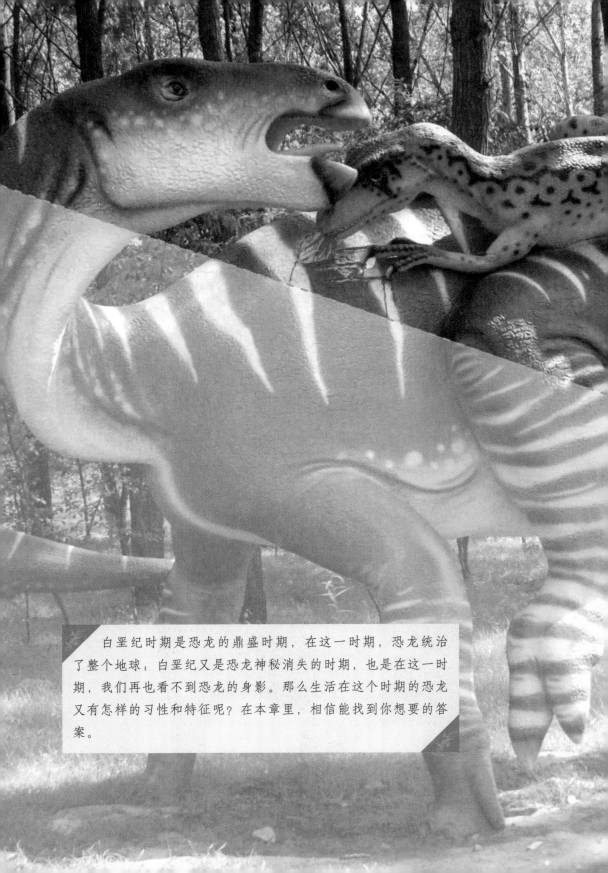

白垩纪时期是恐龙的鼎盛时期，在这一时期，恐龙统治了整个地球；白垩纪又是恐龙神秘消失的时期，也是在这一时期，我们再也看不到恐龙的身影。那么生活在这个时期的恐龙又有怎样的习性和特征呢？在本章里，相信能找到你想要的答案。

# 第四章

## 恐龙的鼎盛——白垩纪

# 小天鹅
## ——尾羽龙

☆ 名称：尾羽龙
☆ 种群：兽脚类恐龙
☆ 生存时期：白垩纪早期
生存地域：中国

1998年，科学家在辽宁省西部的白垩纪早期地层里发现了一种新的动物化石，它形似火鸡，尾巴顶端还长有一束呈扇形排列的羽毛。这让科学家们兴奋无比，他们纷纷相告：一种新的鸟类出现了！可他们又发现，这原来竟是一只恐龙！于是，尾羽龙，这一形象的名字便诞生了。

## 最初的羽毛

尾羽龙的发现，在世界上首次为长期以来悬而未决的鸟类羽毛起源问题的研究提供了重要信息，使我们对羽毛的起源和早期演化的研究第一次建立在化石证据的基础上。

这些发现表明，羽毛的最初功能并非飞行，而是保暖或者吸引配偶等，羽毛不能再作为鉴定鸟类的特征，羽毛发生在鸟类出现之前。以后如果我们发现长羽毛的动物化石，必须仔细观察它的骨骼形态，才能确定它属于鸟类还是肉食类恐龙。因为，长羽毛的动物未必是鸟类，它有可能是一个长着羽毛，栖息于地面上的肉食类恐龙。

## 披着羽毛的恐龙

一种新的兽脚类恐龙——尾羽龙的发现，是一个非常重要的发现。尾羽龙和原始祖鸟个体大小相仿，甚至化石保存的姿态都非常相似，但是它们代表两类截然不同的动物。

尾羽龙长着又短又高的头，满嘴除了吻部最前端发育有几颗形态奇特的向前方伸展的牙齿外，几乎看不到其他牙齿。尾羽龙的前肢非常小，尾巴也很短，不过脖子却很长。在它的胃部，还保留着一堆小石子，这就是现代鸟类胃中常有的胃石，用于磨碎和消化食物。

胃石在鸟类和其他种类的恐龙当中很常见，但在兽脚类恐龙当中却是非常罕见的。最为激动人心的是，在尾羽龙的尾巴顶端长着一束扇形排列的尾羽，在它的前肢上也长着一排羽毛。这些羽毛具有明显的羽轴，也发育有羽片，总体形态和现代羽毛非常相似。唯一的区别在于它的羽片是对称分布的，而包括始祖鸟在内的鸟类的羽毛则具有非对称分布的羽片。一般认为，非对称的羽毛具有飞行功能。尾羽龙对称的羽毛可能代表羽毛演化的相对原始阶段。

## 不明确的关系

亲缘分支分类法中，尾羽龙一般都是与偷蛋龙科有亲缘关系，位于偷蛋龙科中原始的位置。切齿龙是偷蛋龙科中唯一比尾羽龙原始的物种。大部分的科学家认为尾羽龙是鸟类的恐龙祖先。但在2004年，有人提出一个亲缘分支分类法研究，并得出了不同的结论。他们根据偷蛋龙科的大部分类似鸟类的特征，将偷蛋龙科置于鸟纲，使得尾羽龙既是偷蛋龙科，也是鸟类。

有学者认为，尾羽龙的化石其实是一种从能飞行的祖先（可能是始祖鸟）演化而来的不飞鸟类的化石。这种认为尾羽龙是后来成为不飞鸟的物种的见解，也受到一些认为鸟类是从恐龙演化的学者的支持。但是，有

的科学家则认为尾羽龙根本不是兽脚类恐龙。他们认为尾羽龙与其他手盗龙类都是无法飞行的鸟类，而鸟类其实是从非恐龙的主龙类演化而来。但是，究竟事实如何，还有待进一步的研究。

**扩展阅读**

### 长羽毛的恐龙

迄今为止，人类已经发现了六种长有羽毛的恐龙，分别是中华鸟龙、原始祖鸟、尾羽龙、北票龙、千禧中国鸟龙和小盗龙。其中，小盗龙和现在的鸟类最为相似，它们的体长只有40厘米，可以栖息在树上，也能在林间自由滑翔。不过，目前在考古界，它们还是被收录在恐龙的族谱中。

↓披着羽毛的恐龙

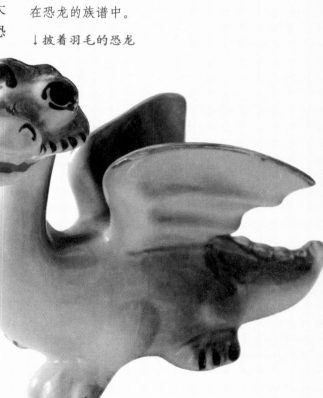

# 四指王
## ——禽龙

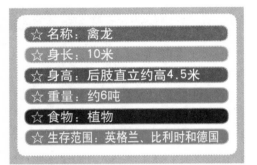

☆ 名称：禽龙

☆ 身长：10米

☆ 身高：后肢直立约高4.5米

☆ 重量：约6吨

☆ 食物：植物

☆ 生存范围：英格兰、比利时和德国

禽龙拇指是圆锥尖状，与中间三根主要的指骨垂直。在早期重建图里，尖状拇指被放置在禽龙的鼻子上。稍晚的化石则透露出拇指尖爪的正确位置，但它们的真实作用仍处于争论中。它们可能用于防御或者搜索食物。

禽龙属大型素食恐龙的统称。这种两足行走的动物的后肢很发达，长而粗的尾起平衡作用。前肢也较发达，具有异常的前掌，朝上生长硬如尖钉的拇指与掌的其余部分成直角，牙有锯齿状刃口。有人提出禽龙属具有部分水生的习性，当受到威胁时，会进入河或湖中避难。

禽龙，属于蜥形纲鸟臀目鸟脚下目的禽龙类。它是种大型草食性动物，身长约9～10米，高4～5米，前手拇指有一只尖爪，可能用来抵抗掠食者。它们主要生存于白垩纪早期的凡蓝今阶到巴列姆阶，约1.4亿～1.2亿年前。

## ◆ 个大爱吃草

禽龙是种体型庞大的草食性恐龙，可采取二足或四足方式行进。禽龙有高大但狭窄的头颅骨，缺乏牙齿的喙状嘴可能由角质构成，牙齿大且排列紧密。禽龙的手臂长且粗壮，而手部相当不易弯曲，所以中间三个手指可以承受重量。

## ◆ 回望来时路

禽龙的化石多数发现于欧洲的比利时、英国、德国，此外也有一些可能是禽龙的化石出土于北美洲、亚洲及北非。禽龙是继斑龙之后，世界上第二种正式命名的恐龙。

禽龙的化石在1822年首次被发现，并在1825年由英国地理学家吉迪恩·曼特尔进行新种描述。禽龙、斑龙及林龙为最初用来定义恐龙总目的三个属。禽龙与鸭嘴龙科共同属于禽龙类演化支。

对于禽龙的了解，因为新发现的化石而随着时间不断改变。禽龙大量的标本，包括从两个著名河床发现的接近完整的骨骸，使得研究人员可以提出许多禽龙生活方面的假设，包括进食、运动及社会行为。禽龙的重建图也随着标本的新发现而改变。

## 知识链接

### 曾经错位的尖爪

最早发现的禽龙拇趾尖爪，在1840年发现于德国美斯顿。拇指的尖爪是禽龙的最著名特征之一。虽然曼特尔最初将拇指尖爪放置在禽龙的鼻部上，但道罗根据在贝尼沙特发现的完整标本，将拇指尖爪放置于手部的正确位置上。禽龙的拇指尖爪被认为是种对付掠食者的近身武器，类似短剑，但也可能用来挖开水果与种子，甚至用来与其他禽龙打斗。

## 扩展阅读

### 娱乐场里的禽龙

禽龙已出现在数部电影中。其中，在迪士尼的动画电影《恐龙》中，主角是一只名为"Alagar"的禽龙，以及它的三个禽龙同伴。禽龙也是"哥斯拉"的三个形象来源之一，其他两个分别为暴龙与剑龙。

↓禽龙——个大爱吃草

# 胆小鬼
# ——棱齿龙

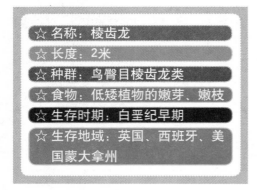

☆ 名称：棱齿龙

☆ 长度：2米

☆ 种群：鸟臀目棱齿龙类

☆ 食物：低矮植物的嫩芽、嫩枝

☆ 生存时期：白垩纪早期

☆ 生存地域：英国、西班牙、美
国蒙大拿州

世界上第一批棱齿龙的化石是1849
年在英国发现的。棱齿龙是身体很轻
的陆生双足动物。分布在亚洲、澳大利
亚、欧洲和北美洲，生存年代从侏罗纪
中期直到白垩纪晚期。

## "跑"为上计

棱齿龙的化石刚一出土就引起了
整个考古界的轰动，因为在此之前，
人们还没有发现任何一种植食性恐龙
拥有如此完美的适应奔跑的身体结
构。考古学家通过对其特征的推测，
在鸟脚类恐龙中，棱齿龙的奔跑速度
应属第一。

在恐龙家族里，棱齿龙是个绝对
的小个子，即使成年个体的体长也不
过两米。但它们的后肢很长，小腿的
长度明显超过大腿，这是它们能够快
速奔跑的首要条件。另外，棱齿龙的
身体重心位于臀部下方，这使它不容
易因失控而摔倒。棱齿龙应该就是这
样凭借着自己的双腿，一次又一次成
功地从掠食者的手中逃生。

## 棱齿龙小档案

棱齿龙是种相当小的恐龙，头部
只有成人的拳头大小。虽然没有细颚
龙那般小，但棱齿龙身长只有2.3米。
棱齿龙的高度只达到成年人的腰部，
重达50～70公斤。如同大部分小型恐
龙，棱齿龙是两足恐龙，并以两足
奔跑。

因为棱齿龙的体型小，它们以高
度低的植被为食，极可能类似现代鹿
以幼枝与根部为食的行为。根据棱齿
龙头颅骨的结构，以及位在颌部后方
的牙齿，显示棱齿龙有颊部，这种先
进结构可帮助咀嚼食物。棱齿龙的颌
部有28～30颗棱状牙齿，上下颌的牙

齿形成一个很好的咀嚼面。如同所有鸟臀目，这些动物的牙齿能不停地生长出来。

## 中生代的鹿

尽管棱齿龙生存于恐龙时代最后一期白垩纪，它们仍拥有许多原始特征。棱齿龙类的演化从晚侏罗纪到白垩纪末仍保持停滞状态。可能因为棱齿龙类已经相当适应它们的方式，因此它们的物择压力很低。

棱齿龙对于后代的照顾程度还不明确，但是已经发现整齐布置的巢，显示在孵化前已有部分照顾。目前已经发现大群的棱齿龙化石，所以棱齿龙可能以群体行动。因此棱齿龙类经常被比喻为中生代的鹿，尤其是棱齿龙。

### 知识链接

#### 热闹一家人

棱齿龙只是棱齿龙科恐龙中的一种，在这个家族中，还有许多不同的成员，比如树龙、腱龙、利林龙以及闪电龙等。它们虽然外形不同、体态各异，但它们上下颌牙齿的颊面釉质化程度都非常高，并且有明显的中棱和几条较弱的次级棱，这也是它们得名的原因。

↓棱齿龙

# 双翼拟鸟龙

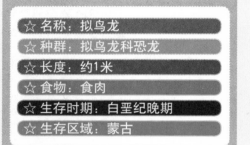

☆ 名称：拟鸟龙
☆ 种群：拟鸟龙科恐龙
☆ 长度：约1米
☆ 食物：食肉
☆ 生存时期：白垩纪晚期
☆ 生存区域：蒙古

拟鸟龙是偷蛋龙下目拟鸟龙科下的唯一一属，生活于距今约7000万年的上白垩纪的蒙古，它的学名意思是"鸟类模仿者"，因为它的样子很像鸟类。

## 似鸟的外形

化石显示，拟鸟龙体轻腿长，头部较厚，颈部很长，并且比较灵活。另外，拟鸟龙前肢的掌骨基部是愈合在一起的，所以，它可以把前肢折叠起来，就像现在的鸟类能把翅膀收起来一样。而在拟鸟龙前肢的一根骨头上，考古学家还发现了一处较粗的类似鸟类用来附着羽毛的地方。这表明，拟鸟龙的前肢上很可能像鸟类那样生有羽毛。

## 似鸟而非鸟

由于拟鸟龙的外形类似鸟类，而非当时常见的恐龙，因此一度被认为是鸟类的近亲。当时，有人针对拟鸟龙提出，与始祖鸟相比，拟鸟龙更接近鸟类的直系祖先，而始祖鸟并非鸟类祖先的近亲，与过去的理论不同。目前的大部分理论多将拟鸟龙归类于偷蛋龙下目，这是一群多样化、类似于鸟类的手盗龙类恐龙。

拟鸟龙的前肢长有利爪，上颌骨的前端还有一排类似于牙齿的伸出物，这显然是鸟类所不具备的。其次，拟鸟龙的后肢修长有力，且胫骨长于股骨，这是典型的奔跑型恐龙的特征。从拟鸟龙的骨盆结构看，它的骨盆具有明显的蜥臀目恐龙的特征，即耻骨向前突出。

# 短跑冠军
## ——似鸵龙

| ☆ 名称：似鸵龙 |
| --- |
| ☆ 长度：约4.3米 |
| ☆ 种群：兽脚亚目恐龙 |
| ☆ 食物：哺乳动物、昆虫和水果 |
| ☆ 生存时期：白垩纪晚期 |
| ☆ 生存地域：北美洲 |

似鸵龙是种类似鸵鸟的长腿恐龙，属于兽脚亚目似鸟龙下目，它们生存于晚白垩纪的加拿大阿尔伯塔省，约在7600万～7000万年前。

## 曲折的寻亲路

似鸵龙是种两足动物，身长约4.3米，臀部高度为1.4米，重量约150公斤。似鸵龙是最常见的小型恐龙之一。似鸵龙的繁盛显示它们应为草食性或杂食性，而非肉食性。如同许多19世纪发现的恐龙，似鸵龙的分类历史非常曲折。似鸵龙的第一个化石，在1892年由一位科学家归类于似鸟龙的一个种。在1902年，另一位科学家命名了高似鸟龙。在1917年，又有人将一个发现于加拿大阿尔伯塔省红鹿河的化石归为似鸵龙属。

到目前为止，似鸵龙的骨骼化石全部发现于北半球，其中以加拿大的阿尔伯塔省为最。同它一起出土的还有其他一些似鸟龙类恐龙，如似鸡龙。它们在形态上都非常相近，如头部较小、大多没有牙齿、眼睛很大、拥有良好的视力、奔跑速度很快等。在白垩纪晚期，它们群居而生，延续着恐龙家族的繁盛。

## 似鸵龙吃什么

因为似鸵龙的笔直边缘喙状嘴，它们被认为可能是杂食性恐龙。有些理论认为似鸵龙居住在岸边，可能是滤食性动物，以昆虫、螃蟹、虾为食，甚至是其他恐龙的蛋。有些古生物学家则认为似鸵龙比较可能是肉食性恐龙，因为它们属于兽脚亚目，该演化支的大部分成员都是肉食性动物。

似鸵龙的叙述者奥斯本则假设它们以灌木、树以及其他植物上的树芽与幼枝为食，并使用它们的前肢来抓住树枝，然后用长颈部来吃上面的食物。似鸵龙的手部构造也支持草食性的假设。似鸵龙的第二指与第三指长度一样，可能无法独自运作，两者之间可能由皮肤连接，形成单一的器官。这显示似鸵龙的手部可能作为钩爪使用，可用来抓取蕨类植物的叶部。

扩展阅读

**博物馆里的似鸵龙**

保存最良好的似鸵龙骨骸，目前正在纽约美国自然历史博物馆展示中。而保存最良好的头颅骨部分则在加拿大阿尔伯塔省得兰勒赫市的泰瑞尔古生物博物馆展示中。

↓"短跑冠军"似鸵龙的生存环境

# 聪明的伤齿龙

☆ 名称：伤齿龙
☆ 种群：伤齿龙科恐龙
☆ 生存时期：白垩纪晚期

起初人们认为伤齿龙是一种蜥蜴，然后又把它当成一种长相呆笨的恐龙，后来把它的骨骼组合起来之后，才发现以前的认识和理解几乎全是错误的。就身体和大脑的比例来看，伤齿龙的大脑是恐龙中最大的，而且它的感觉器官非常发达，因而被认为是最聪明的恐龙。

## 最聪明的恐龙

很长时间以来，科学家都一直认为恐龙是种笨拙、冷血、随时等待灭绝的动物。然而随着更多科学发现浮出水面从而迫使科学家彻底改变了以前对恐龙的"偏见"。

科学家认为，在恐龙濒临灭绝的时代，当时最高级、最聪明的恐龙大概要数伤齿龙，据美国俄亥俄州大学古生物学家拉里·惠特默称，伤齿龙"就像狐狸一样狡猾"，它们个子很小，直立行走，喜欢群居。通过研究它们的大脑容量，惠特默发现它们不但拥有良好的视力，甚至还拥有潜在的解决问题的能力。

在脑容量与体型相比较下，伤齿龙具有恐龙中最大的脑袋。这可能表示它们是白垩纪晚期最聪明的一群动物。有些科学家甚至认为它可能和鸵鸟智商相近，那将比现存的任何爬行动物都要聪明。袋鼠的智商大约在0.7，而伤齿龙的智商高达5.3！

## 寻亲小记

伤齿龙科恐龙的化石是第一群被叙述的恐龙化石之一。最初，科学家将这些动物分类于蜥蜴亚目，但在1924年，又将他们分类于鸟臀目。直到1945年，查尔斯·斯腾伯格将伤齿龙科鉴定、分类归于兽脚亚目。1969年以来，伤齿龙科与驰龙科共同属于恐爪龙下目演化支。但在1994年，托马斯·霍尔特根据加大的脑部、长而低的上颌孔等特征，建立了新的种属，包含了似鸟龙下目与伤齿龙科。

科学家对兽脚亚目的研究显示，驰龙科恐龙、伤齿龙科以及始祖鸟之间有非常相似的地方，这几个分类形成近鸟类演化支。演化树的提出，显示始祖鸟代表近鸟类的一个原始分支，而驰龙科与齿龙科较为先进。这个理论提升了恐爪龙类演化出空气动力行为的可能性。

## ❖❖ 与鸟类演化的关系 →

伤齿龙科恐龙在寻找鸟类起源

上有重要的位置，因为它们与早期鸟类拥有许多共同生理特征。最近在晚侏罗纪的莫里逊组发现的完整标本，属于伤齿龙科，时间也接近始祖鸟的年代。这个重要的侏罗纪伤齿龙科化石，证实了恐爪龙的出现时间非常接近于鸟类的出现时间，而更基础的近鸟类应该在更早的时期演化出来。这项发现使得恐龙与鸟类演化上的时间矛盾无效，但少数人仍保持着这个演化上的时间矛盾。

↓伤齿龙与鸟类有着不明确的关系

# 恐怖首领
## ——暴龙

> ☆ 名称：暴龙，又叫霸王龙
> ☆ 长度：13米
> ☆ 身高：5.5米
> ☆ 重量：7吨
> ☆ 食物：其他恐龙
> ☆ 生存时期：白垩纪末期
> ☆ 生存地域：北美洲、中国

暴龙，又名霸王龙，是一种大型的肉食性恐龙，身长约13米，体重约7吨，生存于白垩纪末期的马斯垂克阶最后300万年，距今约6850万年～6550万年，是白垩纪到第三纪灭绝事件前最后的恐龙种群之一。

## 探寻暴龙本性

暴龙的化石分布于北美洲的美国与加拿大西部，在亚洲的中国新疆和河南也有少量分布，分布范围较其他暴龙科更广。如同其他的暴龙科恐龙，暴龙是两足恐龙，拥有大型头颅骨，并借由长而重的尾巴来保持平衡。相对于它们大而强壮的后肢，暴龙的前肢非常小。很长一段时间，暴龙都被认为只有两根手指，但在2007年发现的一个完整的暴龙化石显示，它们可能具有三根手指。

暴龙的饮食习性现在还不是很明确，过往科学家从暴龙的牙齿排列及形状来推断，一直都认为暴龙可能是一种肉食性的顶级掠食动物，以鸭嘴龙类与角龙下目恐龙为食。但是，随着科学家利用暴龙的骸骨来制作模型，模拟出它们的行为，实验结果使他们认为暴龙其实应该是种食腐动物。另外，甚至还有科学家指出当时根本没有足够的肉食以供暴龙食用，所以大多数时候它们都是吃素的。这些观点互相矛盾，到现在还没有统一的结论。

虽然目前有其他兽脚亚目恐龙的体型与暴龙相当，甚至大于暴龙，但暴龙仍是最大型的暴龙科动物，也是最著名的陆地掠食者之一。目前已有超过30个雷克斯暴龙的标本被确认，包含数具完整度很高的化石。暴龙的大量化石材料，使科学家们有足够的资料研究暴龙生理的各个层面，包括生长模式与生物力学，有些研究人员也发现了软组织与蛋白质。但暴龙的食性、生理机能以及移动速度，仍在争论当中。

## 并不奇特的生活环境

暴龙生活的环境并没有想象的奇特，在暴龙生活的时代，现代的各科植物都已经出现了。在白垩纪初期出现的开花植物，在暴龙生活的时期主宰着世界的生态系统，90%的叶片化石都是在北达科他州发现的，在收集的3万多个叶片化石中，有90%的化石是属于宽叶植物。现在，在暴龙发现地的附近，仍然有暴龙时代的针叶植物如落叶松和它的亲缘植物。

## 凶残暴君

一般来说，学者们相信暴龙是肉食性恐龙中最为残暴的恐龙，它出现的时间已经是恐龙时代的晚期，距离现在大约6500万年。暴龙的身体高达14米，体重可达10吨，它的后脚十分粗大强壮。从暴龙的化石发现，它的每颗牙齿大小不一，有的牙齿长度，比人类的手掌还要长，有的小如人类尾指一节，牙齿由尖顶到基部，都有斜旋锯齿，其凶猛程度可见一斑。颚部强大惊人，是数十头湾鳄颚部力量的总和，暴龙的头是所有恐龙中最大又最有力的，这种可怕的肉食性动物会用长着军刀般利齿的巨颚，狠狠地一口咬死猎物，接着扭转强壮的颈部，将嘴中的肉块撕扯下来。暴龙若是张开血盆大口更是吓人，里面生着两排向内弯曲的锐利牙齿，每颗有二三十厘米长，一旦被咬住，即使是身上有着坚韧骨质甲胄的大型草食性恐龙也会承受不住。

↓凶残暴君——霸王龙

# 自带王冠
## ——赖氏龙

| ☆ 名称：赖氏龙 |
| --- |
| ☆ 长度：约9.4米 |
| ☆ 食物：食素 |
| ☆ 种群：鸭嘴龙科恐龙 |
| ☆ 生存时期：晚白垩纪时期 |
| ☆ 生存地域：北美洲 |

赖氏龙生存于约7600万年前到7500万年前，又名兰伯龙，是鸭嘴龙科的一属，生存于晚白垩纪的北美洲。赖氏龙是草食性恐龙，可采取两足或四足方式行走，以斧头状冠饰而著名。

## 盔赖氏龙化石

兰伯龙的化石发现于加拿大阿尔伯塔省、美国蒙大拿州以及墨西哥下加利福尼亚州，但只有两个在加拿大发现的种较著名。在墨西哥发现的窄尾赖氏龙，是最大型的鸟臀目恐龙之一，身长15米。其他的种则是中等大小。

赖氏龙的加拿大种与冠龙在体型上有相似处，身长约9.4米，但窄尾赖氏龙的身长估计有15~16.5米，重量可达23吨。在数个标本上发现了鳞片的痕迹，其中一个赖氏龙标本的颈部、身体、尾巴，有厚皮肤与不规则排列的多边形鳞片。在一个大冠赖氏龙标本的颈部、前肢、脚部也有类似的鳞片，在窄尾赖氏龙尾巴的大型六角形、小型圆形鳞片上，则有小型骨质硬块。

## 冠龙一族

赖氏龙的近亲为冠龙、亚冠龙，它们的差别在于冠饰外形。很难确认这些恐龙彼此的关系。网络上的分类有时将以上三属归类于赖氏龙族，但这个分类还没有正式地定义过。然而，在近年的研究中，出现了一个范围相同的分类，冠龙族。研究指出赖氏龙是一个演化支，这个演化支由冠龙、亚冠龙以及俄罗斯的扇冠大天鹅龙所构成，以上四属与日本龙共同组成冠龙族。

## 饮食习性

如同其他鸭嘴龙科，赖氏龙是种大型的草食性动物，复杂的头部可以做出研磨的动作，类似哺乳类的咀嚼。它们的牙齿是不断生长、取代的，构成每群至少百颗的齿系，但只有少数是持续使用的。赖氏龙使用喙状嘴切割植物，并把食物放在颚部旁的颊部空间。罗伯特·巴克指出，赖氏龙亚科的喙状嘴比鸭嘴龙亚科的狭窄，显示赖氏龙与其近亲的进食内容较鸭嘴龙亚科更为狭小。

↓ 赖氏龙化石

知识链接

### 斧头状的冠饰

赖氏龙最明显的特征是头顶的冠饰，最著名两个种——赖氏赖氏龙和大冠赖氏龙的冠饰并不一样。完全成长的赖氏赖氏龙有斧状冠饰，而那些被推测为雌性的标本，冠饰较短、较圆。斧状冠饰的刀锋部分是从眼睛前方突出，而把柄部分是从头颅后方延伸出来的坚硬骨棒。大冠赖氏龙的冠饰把柄部分缩小，但刀锋部分则扩张。

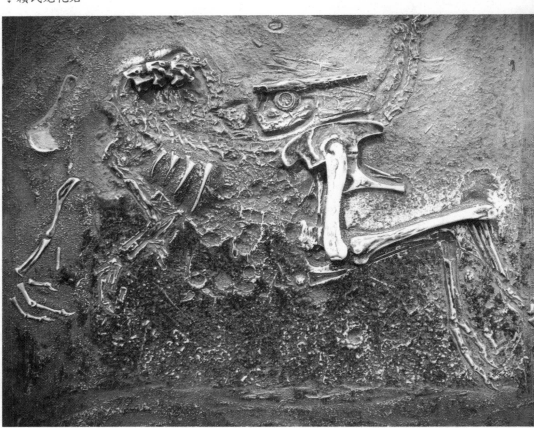

# 天生斗士
## ——三角龙

- ☆ 名称：三角龙
- ☆ 长度：9米
- ☆ 身高：至髋部3米
- ☆ 重量：6～12吨
- ☆ 种群：鸟臀目角龙科恐龙
- ☆ 食物：植物
- ☆ 生存时期：白垩纪晚期
- ☆ 生存区域：北美洲

约6800万年前到6500万年前，在北美洲的晚白垩纪晚马斯特里赫特阶地层，考古学家发现了三角龙化石。三角龙是鸟臀目角龙下目角龙科的草食性恐龙的一属，是最晚出现的恐龙之一，其化石经常被作为晚白垩纪的代表化石。

## 体形强健的三角龙

三角龙个体的身长估计有7.9～9米长，高度为2.9～3米，体重达6.1～12吨。三角龙最显著的特征是它们的大型头颅，是所有陆地动物中最大的之一。三角龙的口鼻部鼻孔上方

有一角状物，以及一对位于眼睛上方的角状物，可长达1米，头颅后方则是相对短的骨质头盾。大多数其他有角盾恐龙的头盾上有大型洞孔，但三角龙的头盾则是明显的坚硬。

三角龙有着结实的体型、强壮的四肢，前脚掌有五个短蹄状脚趾，后脚掌则有四个短蹄状脚趾。然而，角龙类的足迹化石证据，以及近期的骨骸重建，显示三角龙在正常行走时保持着直立姿势，但肘部稍微弯曲，居于完全直立与完全伸展这两种说法的中间。但这种结论无法排除三角龙抵抗或进食时会采取伸展姿态。

## 食性与齿列

三角龙是草食性动物，因为它们的头部低矮，所以它们可能主要以低高度植被为食，但它们也可能使用头角、喙状嘴，或以身体来撞倒较高的植被来食用。三角龙的颚部前端具有长、狭窄的喙状嘴，被认为比较适合抓取、拉扯，但并不适合咬合。

三角龙的牙齿排列成齿系，每列由36～40个牙齿群所构成，上下颚两

侧各有3～5列牙齿群，牙齿群的牙齿数量依照动物体型而改变。三角龙总共拥有432～800颗牙齿，其中只有少部分使用，而三角龙的牙齿是不断地生长并取代的。这些牙齿以垂直或接近垂直的方向来切割食物。三角龙的众多牙齿，显示它们以体积大的有纤维植物为食，其中可能包含棕榈科与苏铁，也有学者认为还包含草原上的蕨类。

↓三角龙

# 全副武装
## ——包头龙

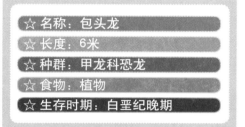

☆ 名称：包头龙
☆ 长度：6米
☆ 种群：甲龙科恐龙
☆ 食物：植物
☆ 生存时期：白垩纪晚期

包头龙属是甲龙科下的一个属，又名优头甲龙，是甲龙科下最巨大的恐龙之一，体型与幼小的象差不多。甲龙类是些身披重甲的食素恐龙，包头龙更是发展到连眼睑上都披有甲板，真正地将整个头部全都包裹起来。

## 武装到眼帘

包头龙全长6米，除从头到尾被重甲覆盖外，还配有尖利的骨刺，简直就像身上插着匕首。它的尾巴更像一根坚实的棍子，尾端还有沉重的骨锤，遇到大型食肉恐龙的袭击时，它会奋力挥动尾棍，用力抽打袭击者的腿部。像其他甲龙一样，它也有水桶般的身躯，里面装着十分复杂的胃，用来慢慢消化食物。

包头龙类的整个头部及身体都是由装甲带所保护，这些装甲更是全面到可以覆盖住眼帘，不过却仍保持了一定的灵活性。每一个装甲带是由嵌入在厚皮肤上的厚椭圆形甲板组成，皮肤布满只有10～15厘米的短角刺。除了这些角刺外，包头龙的颅后还有着大角。包头龙的尾巴是由硬化的组织组成，与尾骨结合在一起。

包头龙只有腹部是没有装甲的，就像箭猪一样，要伤害它就必须将它反转。在加拿大阿尔伯塔省进行的恐龙骨骼研究支持这个观点，显示在鸭嘴龙上有很多咬痕，而甲龙下目却没有。有推测指出包头龙的灭绝是因暴龙强劲的颚骨力量。狩猎包头龙是很危险的，因为它的尾巴一摇就可以造成严重的伤害。

## 生活环境

包头龙是草食性的恐龙，它的四肢很灵活，有可能用作挖掘坑洞。它的鼻子结构复杂，可能是它的嗅觉很灵敏。由于包头龙的牙齿很弱小，所以它们可能只吃低矮的植物以及浅的块茎。

由于所有骨骼在发现时都是分离的，所以一般估计甲龙下目都是独居的。但是1988年发现22头绘龙幼体族群后，可见包头龙亦有可能是或最少是在幼体时以族群方式生活。

### 甲龙类恐龙的祖先

虽然甲龙类恐龙直到白垩纪才迎来了整个族群的辉煌，但科学家推测，它们的祖先早在侏罗纪早期就出现了。考古学家曾经在英国侏罗纪早期的地层里发现了一种体型中等的鸟臀目恐龙化石，并将其命名为色拉都龙。化石显示，色拉都龙的体表长有一些短小的骨甲和骨刺，因此，它们应该是后来那些身披重甲的甲龙的祖先。

↓包头龙

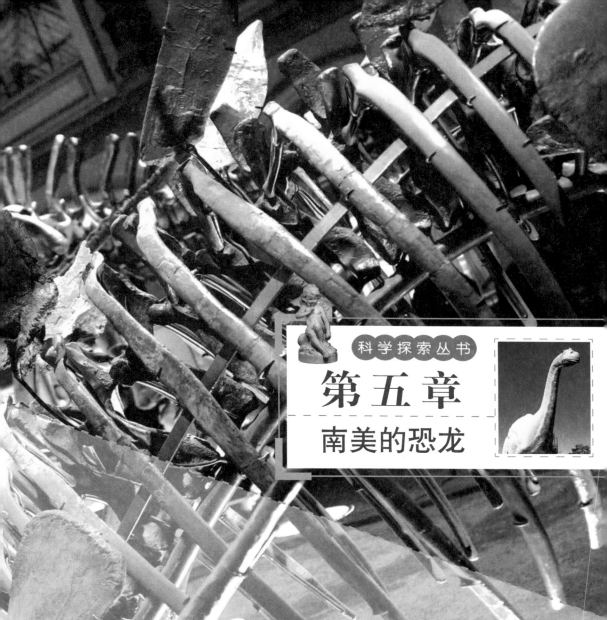

# 第五章

## 南美的恐龙

　　不管是南美洲的"月亮谷"或者阿拉里皮盆地都曾生长着大量恐龙，它们在那里繁衍生息，在那里自在觅食，现在就让我们踏着化石留给我们的足迹，一起去探寻神秘的南美恐龙世界吧。

# 阿拉里皮盆地的恐龙

　　在巴西的阿拉里皮盆地，人们挖掘出了大约1亿年前生存在早白垩纪的恐龙化石。

### 桑塔纳组石灰岩层

　　当时的南美洲和非洲相距很近，但随着两块大洲漂移，一个内陆海形成了。在大陆的边缘生活着一些小型肉食性恐龙，如小坐骨龙和桑塔纳盗龙等，除此之外，还有类似激龙这样，有着古怪名字的大型肉食性恐龙。在这一地区尚没有发现植食性恐龙，因此，肉食类恐龙很可能是靠捕食鱼类为生。历经岁月蹉跎，海床上的沉积物最终形成了岩石，这就是世界著名的桑塔纳组石灰岩层。

### 险些丢了姓名

　　在阿拉里皮盆地，有一种恐龙的尖齿呈圆锥状，叫崇高龙，与激龙一样，人们也是从桑塔纳组岩层中发现了它的头骨化石。虽然它被描述为一种以鱼为食、头长得像鳄鱼的新的棘龙类，并因此而得名，但也有人认为它属于激龙，如果是这样，崇高龙一名将被废除。

### 盆地里的化石

　　无脊椎动物化石，像蜻蜓化石，尤其是昆虫化石被完整地保留了下来。崇高龙的前肢长有三指，都长有

盆地里的化石→

带钩的爪子，可用来抓猎物。小坐骨龙的前肢和美颌龙一样，都很小，小坐骨龙这种小型肉食性恐龙生活在海岸边，靠猎食那些能一口吞下的小蜥蜴为生。

当古生物学家对化石进行研究时，他们发现动物的肠管竟然也被石化保存了下来，这种情况是很罕见的，因为一般来说软组织很少能被保存下来，据此科学家能够确认出内脏在小坐骨龙骨盆中的具体位置。

## 扩展阅读

### 你知道吗？

今天的阿拉里皮盆地的大部分都位于巴西南部的塞阿拉州内，这是一片肥沃的土地，生长着多刺的树、仙人掌和青草。由于植被丰富，使得这一地区被列为国家地质公园，这也有利于保护这一地区的自然环境和此处独一无一的化石宝藏。

# 奥卡地区的恐龙

奥卡龙，是中等体型的兽脚亚目恐龙，有4米长，臀部约距地1米高，尾巴力量十分强大，属于食肉恐龙，前肢短小，但手臂较长，善于奔跑，是阿贝力龙科内最完整的恐龙。

## 独特的化石点

南美洲南部的巴塔哥尼亚是一片怪石丛生的干旱沙漠地带，范围跨越阿根廷和智利两国。远古时期的巴塔哥尼亚曾是猎食者的天堂，在这里，可怕的南方巨兽龙和体型小一些的奥卡龙都是危险的不速之客，它们常常会捕食那些刚孵化出来、毫无防御能力的小恐龙。

在奥卡地区有一片独特的恐龙巢穴化石点，在沙漠地面上凌乱散布着许多晚白垩纪蜥脚类恐龙的蛋化石，这些蛋大约产于8000万年前。

## 奥卡龙

奥卡龙是根据1999年在阿根廷发现的一具几乎完整的化石命名的，最独特之处是其头部有非角状的肿块。

### 扩展阅读

#### 奥卡诺根湖怪

在加拿大不列颠哥伦比亚省的奥卡诺根湖中，有着加拿大最著名的水

怪——奥古普古水怪。早在欧洲移民到达该地区之前，当地的印第安人就传说：在奥卡诺根湖中，存在着一头巨大的怪兽。

第一次目击奥古普古水怪的记录发生在1872年，目击者为约翰·阿里森夫人，随后目击事件不断发生，一直持续至今，因此许多人坚信奥古普古水怪是真实存在的。原本生活在奥卡诺根湖周围的古印第安人，一直认为湖中有湖魔。如果不事先祭祀一番，他们绝不敢划船进入，否则"湖魔会在风暴中出来索命"。

当白人定居者在19世纪中叶来到该区域后，他们刚开始并不相信当地有关湖魔的传说，直到目击水怪的事件不

断出现。在一例早期目击事件中，有两匹正在横渡奥卡诺根湖的马突然被什么东西拖入水底，而马的主人及时将连接马与自己小船的绳子割断，这才死里逃生。

其实所谓湖怪，也可能是迄今为止我们人类未曾发现的新物种而已。据生物学家估计，地球上可能生存着约1亿个物种，我们人类目前发现和认识的不到二百万种。因为有许多地方目前人类还暂时无法到达，像大西洋的一些巨大海沟，深达十几公里，在那里生活着许许多多我们从未听说过的生物。另外，还有一些我们所认为的怪物很有可能就是当地原有物种的变异，只是人们暂时还没有认识到罢了。

↓恐龙蛋化石

# 巨无霸
## ——阿根廷龙

☆ 名称：阿根廷龙
☆ 椎高：1.5米
☆ 椎宽：1.1米
☆ 体重：73吨
☆ 种群：蜥脚类恐龙
☆ 生存时期：侏罗纪晚期

阿根廷龙的命名十分简单，意思是在阿根廷发现的恐龙，属于蜥脚类恐龙的泰坦龙类。至今我们仍然没有发现这种恐龙的完整骨骼化石，只有部分骨架被发现，科学家还不能确切知道其大小，但值得一提的是阿根廷龙的巨型脊椎有1.5米高、1.1米宽。

## 晚侏罗纪的统治者

蜥脚类恐龙可以说是地球史上最成功的生物种类之一，它们成功地统治了整个晚侏罗纪时期。由于侏罗纪晚期有一段很长的气候稳定期，气候暖和，适合大量蕨类等蜥脚类恐龙所喜好的植物生长，所以这些恐龙可以生长到极为庞大。

到了白垩纪，由于气候变化的缘故，大部分蜥脚类恐龙都消失了。不过在阿根廷就有一种蜥脚类不但没有灭绝，而且演化到比侏罗纪时期的祖先更为庞大，这就是阿根廷龙。

阿根廷龙毫无疑问是蜥脚类动物进化的终极产物，在侏罗纪和白垩纪交替的时候，地壳的活动非常剧烈，大部分曾经在侏罗纪名噪一时的蜥脚类动物，最后都不能适应地壳导致的气候变化而灭绝。而南美洲所处的隔离且独立的生活环境，使得一些古老的物种得以延续。

## 巨无霸也有天敌

有很长一段时间，人们认为像阿根廷龙这样的巨型植食恐龙是没有天敌的，凭借着自身的巨大体型它完全可以吓退那些虎视眈眈的掠食者。但直到1995年英国古生物学家在一块较小的同类恐龙颈骨化石上发现了明显的牙齿咬痕，而后随着发掘的深入，一具巨大的肉食恐龙骨架——令人惊骇的南方巨兽龙被发现！这是一种比雷氏霸王龙还要庞大的掠食者。

　　但面对阿根廷龙这样的巨型猎物，即使是南方巨兽龙也会感到很有压力感。所以科学家们推测南方巨兽龙极有可能像侏罗纪时期的老祖宗异特龙一样，采用群体进攻的方式来围攻一只年老或体弱的阿根廷龙。但总的来说，相对于其他体型较小的当地恐龙，如禽龙和萨尔塔龙，阿根廷龙的日子应该还是很安详的。

### 扩展阅读

#### 电影里的巨无霸

　　在BBC推出的科幻巨作《与恐龙共舞特别篇：巨龙国度》里，古生物探险家奈吉·马文将观众带回到史前的南美洲，去亲眼目睹这一史前巨兽横行的国度，在片中，一群迁徙的阿根廷龙被一群南方巨兽龙追踪，最终有一只年龄较小的雌性阿根廷龙被围攻，然后被吃掉。

↓巨大的阿根廷龙

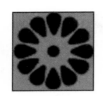

# 南极牡丹
## ——南极龙

☆ 名称：南极龙

☆ 体重：69吨

☆ 种群：泰坦巨龙类恐龙

☆ 生存时期：白垩纪

☆ 生存地域：南美洲

南极龙，是泰坦巨龙类下的一个属，生活于上白垩纪的南美洲。它是一类大型的四足草食性恐龙，有着长颈及长尾巴，而且有可能是有鳞甲的。由于南极龙的化石并没有一个完整的骨骼，而蜥脚下目的尾巴大小差异十分大，因而很难去推断它的大小。

## 南极龙的命名

南极龙的化石首先在1916年被描述，直到1929年才由古生物学家休尼进行详细的描述及命名。南极龙的属名在古希腊文并非表示南极洲，而是指"北方的相反"，因为它是在阿根廷被发现的，而阿根廷与南极洲的名字都具有"北方的相反"的意思。

## 错误的归类

历年来有几个种曾被分类在南极龙属下，包括巨大南极龙、北方南极龙、巴西南极龙以及其他模式种，但大都是错误分类在此属中的。

巨大南极龙之所以如此命名，是因为它的巨大体型。这个种的化石非常少，而有些学者认为它其实是疑名。这些骨头中最著名的是两块巨大的股骨，约有2.35米长，是已知的蜥脚下目中最大的之一。由此推断，它的体重达69吨，比重73吨的阿根廷龙小。由于只有少数资料，而属于的化石也还不确定，所以这个种目前还不能确定是否属于南极龙属。

于1933年，另一个从印度发现的种亦被描述，称为北方南极龙。这个种并没有保存什么解剖学资料，但肯定是不属于南极龙。在1994年它被更名为耆那龙。

由两块肢骨碎片及部分脊椎组成的巴西南极龙，是在巴西的包鲁地层被发现并于1971年被描述的。

## 知识链接

### 什么是模式种？

　　模式种是生物分类学上的一个名词，即被首次发现，且被描述并发表的物种。是用来代表一个属或属以下分类群的物种，严格来说，模式种一词只用于动物分类学上。在植物分类学中，包括属与种在内，皆是由标本或绘图来做代表，称为模式标本，"模式种"在植物分类上，则是一个非正式的称呼。

↓南极龙化石

　　古老的亚洲大陆上也曾盘踞着大量恐龙，它们从最早的华阳龙到超霸王特暴龙，形态各异，性格迥然。相信走进本章一定会让你有身临其境之感，与这些恐龙近距离接触，看看哪类恐龙更能俘获你的心。

科学探索丛书

# 第六章

## 亚洲的恐龙

# 中国最早的剑龙
## ——华阳龙

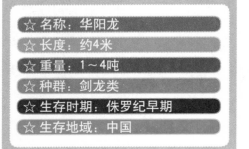

☆ 名称：华阳龙
☆ 长度：约4米
☆ 重量：1～4吨
☆ 种群：剑龙类
☆ 生存时期：侏罗纪早期
☆ 生存地域：中国

　　华阳龙是中国的最早的剑龙。与蜥脚类恐龙的情况相似，剑龙类很可能在侏罗纪早期就已经出现了。但是科学家对早期剑龙类的认识，实际上是从我国四川自贡大山铺出土的华阳龙开始的。

## 华阳龙简介

　　华阳龙身长近4米，体重1～4吨。与生活在同时代、同地区的蜀龙、酋龙和峨眉龙相比，华阳龙太矮、太小了。因此，当那些大家伙仰起脖子大嚼高树上的叶子时，华阳龙只能啃食地面附近的低矮植物。

　　在侏罗纪中期那个时候，河边通常长满了绿色地毯般茂密的矮小蕨类植物，这样的地方一般没有高大的树木。当华阳龙用它们那适于啃食和研磨的小牙齿在这样开阔的"草地"上进食的时候，它们的幼仔往往成为气龙等捕食者觊觎的对象。不过，只要小华阳龙紧跟在它们的父母身边，那些捕食者还是不敢轻易地发动进攻。显然，父母保护幼仔的亲子行为对于华阳龙来说是必不可少的。

## 独有的特征

　　在华阳龙的背部，从脖子到尾巴中部还排列着左右对称的两排心形的剑板。而后来出现的许多剑龙则在身体背部的每一侧都有两排剑板。此外，华阳龙的前后腿差不多一样长，而后期的剑龙类前腿显然地比后腿短。这些特点表明了华阳龙确实是一种原始的剑龙。

## 知识链接

### 独特的防御手段

华阳龙较为矮小的身体似乎也更容易使它们成为气龙等食肉恐龙的捕食目标。但是，作为最早的剑龙，华阳龙已经发展了一套独特的防御武器，那就是它肩膀上、腰部以及尾巴尖上长出的长刺。当饥饿的气龙攻击华阳龙的时候，华阳龙会把身体转到某个适当的位置，以使它身上的长刺指向进攻者，同时，用带有长刺的尾巴猛烈抽打敌人。

↓华阳龙独有的特征

# 大头小龙
# ——原角龙

☆ 名称：原角龙
☆ 长度：1.8米
☆ 体重：180公斤
☆ 种群：原角龙科恐龙
☆ 食物：食素
☆ 生存时期：白垩纪
☆ 生存地域：蒙古、中国

原角龙是种角龙下目恐龙，生存于上白垩纪坎潘阶的蒙古。原角龙属于原角龙科，原角龙科是一群早期角龙类。不像晚期的角龙类恐龙，原角龙缺乏发展良好的角状物，并且拥有一些原始特征。

## 小个子大脑袋

原角龙身长约1.8米，肩膀高度0.6米。成年原角龙的体重约180公斤。高度集中的大批标本，显示原角龙是群居动物。原角龙是种小型恐龙，但头颅占了大部分。原角龙是草食性动物，但嘴部肌肉似乎很强壮，咬合力

大。嘴部有多列牙齿，适合咀嚼坚硬的植物。

原角龙的头颅骨有大型喙状嘴、四对洞孔。最前方的洞孔是鼻孔，可能比晚期角龙类的鼻孔还小。原角龙有大型眼眶，直径约50毫米。眼睛后方是个稍小的洞孔，是下颞孔。头盾由大部的颅顶骨与部分的鳞骨所构成，其正确大小与形状随着个体而有所不同，有些研究人员，将头盾的不

→原角龙科

同大小与形状，归因于两性异形以及年龄变化。

## 原角龙科

原角龙是第一个被命名的原角龙科恐龙，所以也成为原角龙科的名称来源。原角龙科是一群草食性恐龙，比鹦鹉嘴龙科先进，但比角龙科原始。原角龙科的特征是它们与角龙科的相似处，但原角龙科有着更善于奔跑的四肢比例和较小的头盾。

在1998年，保罗·塞里诺将原角龙科定义为：冠饰角龙类中，所属亲缘关系与原角龙较近而离三角龙较远的物种所组成的基群演化支。

### 知识链接

**基群演化支**

基群演化支包括：弱角龙、矮脚角龙、雅角龙、喇嘛角龙、巨嘴龙、扁角龙、巧合角龙等属。但在2006年，彼得·马克维奇与马克·诺瑞尔公布了新的系统发生学研究，将数个属移出原角龙科。

# 独角兽
# ——青岛龙

☆ 名称：青岛龙

☆ 长度：6.62米

☆ 身高：4.9米

☆ 种群：鸟脚类恐龙

☆ 生存时期：白垩纪晚期

☆ 生存地域：中国青岛

棘鼻青岛龙则是我国发现的最著名的有顶饰的鸭嘴龙化石，也是我国首次发现的完整的恐龙化石。由于它是在青岛附近的莱阳市金刚口村西沟发现的，头上又有棘鼻状的顶饰，所以得名。棘鼻青岛龙化石所处的地层的时代为白垩纪晚期。

## 特别的长棘

它的身长为6.62米，身高4.9米，坐骨末端呈足状扩大，肠骨上部隆起，在荐椎腹侧中间有明显的直棱，后面成沟状，顶饰实际上是在相当靠后的鼻骨上长着的一条带棱的棒状棘，很像独角兽的角，从两眼之间直直地向前伸出，估计它活着时体重为6~7吨左右，但脑袋很小，仅有200~300克重。

在头颅前方有一个长而中空的管棘垂直矗立，是棘鼻青岛龙最有特征处。这个长棘具有什么功能不得而知，有人推测可能是用来抵抗侵略的装备。然而也有人曾经指出这个管棘或许是一个复原过程中错误摆置的鼻骨，被误放在头骨的前方垂直立起的位置。若果真如此，那么青岛龙可能就属于一只扁平头颅的鸭嘴龙类了。

## 所属分类

棘鼻青岛龙是鸟脚类恐龙中鸭嘴龙科、青岛龙属的一个种，植食性，体长约7米，生活在中生代的白垩纪晚期。棘鼻青岛龙的化石标本非常完整，发现于中国的山东省莱阳。

## 知识链接

### 众说纷纭的"角"

棘鼻青岛龙外貌与"标准"鸭嘴龙并无多大区别，只是头顶上多了一只细长的角，样子就像独角兽一样。有人说这只角应向前倾斜，也有人说应向后倾斜，还有人说根本就不存在这只角。至于对这只角的作用，更是众说纷纭，它既不像武器，也不像其他冠顶鸭嘴龙那样能扩大自己的叫声。或者，它只是一种装饰品。

棘鼻青岛龙有着→
特别的长棘

# 超霸王
# ——特暴龙

☆名称：特暴龙
☆长度：10～12米
☆种群：暴龙科恐龙
☆生存时期：白垩纪
☆生存地域：亚洲地区

特暴龙是种兽脚亚目恐龙，属于暴龙科，意为"令人害怕的蜥蜴"。特暴龙生存于晚白垩纪的亚洲地区，约7000万～6500万年前。特暴龙的化石在蒙古发现，而在中国发现了更多碎骨头。过去曾经有过许多的种，但目前唯一的有效种为勇士特暴龙，又称勇猛特暴龙。

## 勇士特暴龙

特暴龙是最大型的暴龙科动物之一，但略小于暴龙。已知最大型的个体身长10～12米，头部离地面约5米。目前还没有完全成长个体的体重数值，但它们一般被认为略轻于暴龙。如同暴龙，特暴龙的颅骨高大，前段狭窄，颅骨上的大型洞孔可减轻重

量。颅骨后段扩张幅度不大，意味着特暴龙的眼睛不是直接朝向前方，所以它们缺乏暴龙拥有的立体视觉。

特暴龙嘴部有60～64颗牙齿，略少于暴龙，但大于其他体型较小的暴龙科，例如蛇发女怪龙与分支龙。特暴龙与分支龙的下颌外侧各有一道棱脊，从隅骨延伸到齿骨后方，形成相扣的结构。其他暴龙科动物缺乏这道棱脊，因此下颌更为灵活。

暴龙科的身体外形差异不大。特暴龙的颈部为S状弯曲，其余的脊柱与尾巴，与地面保持着水平的姿态。特暴龙有着暴龙科中最小的前肢，有两根迷你的手指。后肢长而粗厚，将身体支撑为两足的步态，上有三根脚趾。长而重的尾巴可以平衡头部与胸部的重量，将重心保持在臀部。

## 暴龙一家

特暴龙属于暴龙科的暴龙亚科，该亚科还包含较早期的惧龙和较晚期的暴龙，它们都发现于北美洲，另外，还可能还有蒙古的分支龙。暴龙亚科包含亲缘关系较接近暴龙，而离

艾伯塔龙较远的物种。与艾伯塔龙亚科相比，暴龙亚科的体格较重型，头颅骨的比例较大，以及股骨比较长。

勇士特暴龙最初被视为暴龙的一个种，某些近年的分类也支持这个说法。其他的科学家则将它们列为独立的属，并为暴龙的姐妹分类单元。在2003年，一个亲缘分支分类法研究提出分支龙是特暴龙的最近亲，因为它们具有其他暴龙亚科没有的头部特征。

↓ 勇士特暴龙

## 知识链接

### 大众文化里的特暴龙

在澳大利亚维多利亚州的墨尔本博物馆可以看到一个特暴龙骨骸模型。雪梨麦觉理大学总图书馆入口处也有一个展示中的特暴龙标本。特暴龙还出现在BBC的2005年电视节目《恐龙凶面目》第二集，以及《与恐龙共舞》的特别节目《镰刀龙探秘》中。

# 查干诺尔龙

☆ 名称：查干诺尔龙
☆ 长度：26米
☆ 身高：7.7米
☆ 种群：蜥脚类恐龙
☆ 生存地域：中国内蒙古地区

　　查干诺尔龙是一个极特异的大型蜥脚类恐龙，经董枝明与李荣正式命名为查干诺尔龙，标本存放于内蒙古二连浩特恐龙博物馆中。

### 庞然大物的发现

　　这具庞然大物是采集自查干诺尔组地层，在蒙古话意为"白色湖泊"，因为湖中含高量的碱性物质而呈白色。地层出露在二连浩特东南65公里，是属于一种河流沉积的砂岩、泥岩与砾岩。

### 浩瀚草原上的雄姿

　　查干诺尔龙身长26米，高7.7米，

肩背部高6米，胸阔3.3米，抬起头来有12米高。如此巨大的蜥脚类恐龙在世界上是罕见的。它的头比其他蜥脚类恐龙要大得多，荐椎上的肠骨、耻骨与坐骨愈合紧密。大腿骨长达1.8

米,上面有许多凹穴,使肌肉附着十分有力。它的肩胛骨长达1.5米,显得细长,这在其他蜥脚类恐龙中是很少见的。这些结构说明,查干诺尔龙的行动并不迟缓和笨重。

## 扩展阅读

### 草原上的想象

在1亿多年前的锡林郭勒盟一带,植物郁郁葱葱,查干诺尔龙成群结队地在那里遨游。它们用集体的力量抵御肉食性恐龙的袭击,奏出了一曲高亢的生命之歌,让人不由得为这些远古的内蒙古浩瀚草原的生命奇迹而感叹万分。

↓浩瀚草原上的雄姿

# 黑旋风
## ——永川龙

☆ 名称：永川龙
☆ 长度：约10米
☆ 种群：异特龙科恐龙
☆ 食物：食肉
☆ 生存时期：侏罗纪晚期
☆ 生存区域：中国重庆

永川龙是一种生活于晚侏罗纪的大型肉食性恐龙，因为标本首先在重庆永川区发现而得名。

## 凶猛的永川龙

永川龙是一种大型食肉恐龙，全长约10米，站立时高4米，有一个又大又高的头，略呈三角形。嘴里长满了一排排锋利的牙齿，就像一把匕首，加上他粗短的脖子使得永川龙拥有巨大的咬力。

永川龙的脖子较短，身体也不长，但尾巴很长，站立时，可以用来支撑身体，奔跑时，则要将尾巴翘起，可以起到平衡的作用。它的前肢很灵活，指上长着又弯又尖的利爪，后肢又长又粗壮，也生有三趾。常出没于丛林、湖滨，行为可能像今天的豹子和老虎。

## 归属和分类

永川龙是兽脚亚目、肉食龙次亚目、异特龙科的一属。永川龙目前包含两个种：模式种上游永川龙、巨型永川龙。在1988年，葛瑞格利·保罗提出永川龙与中棘龙是相同属，但此理论没有获得其他科学家的支持。

### 知识链接

#### 轻盈的头部

永川龙有一个近1米长、略呈三角形的大脑袋，两侧有六对大孔，这样可以有效地降低头部的重量。在这六对大孔中有一对是眼孔，这表明它的视力极佳，其他孔是附着于头部用于撕咬和咀嚼的强大肌肉群。永川龙的尾巴很长，可以在它奔跑时作为平衡器来保持身体的平衡。

# 原始鼻祖
## ——禄丰龙

> ☆ 名称：禄丰龙
> ☆ 长度：5米
> ☆ 种群：原蜥脚类恐龙
> ☆ 生存时期：三叠纪晚期到侏罗纪早期

禄丰龙生活在三叠纪晚期到侏罗纪早期，是后来巨大植食性恐龙的祖先。迷惑龙一类的食草恐龙个子都很大，但它们的早期成员，即原始的蜥脚类恐龙，并不一定是大个子。

## 像马一样的身影

禄丰龙身长只有5米，站立时高2米多，比今天的马大不了多少。它的头很小，脚上有趾，趾端有粗大的爪。前肢短小，有5指。身后拖着一条粗壮的大尾巴，站立时，可以用来支撑身体，好像随身带着凳子一样，这种行为很像今天的袋鼠。

禄丰龙头骨较小，鼻孔呈三角形，眼前孔小而短高，眼眶大而圆。

下颌关节低于齿列面，上枕骨和顶骨间有一未骨化的中隙。牙齿小，不尖锐，单一式，牙冠微微扁平，前后缘皆具边缘锯齿。颈较长，脊椎粗壮，尾很长。颈椎10个，背椎14个，荐椎3个，尾椎45个。肩胛骨细长，胸骨发达，肠骨短，耻骨及坐骨均细弱。

## 长尾的用处

原蜥脚类恐龙的长尾，用处很大。研究它们的学者认为，首先，它主要起平衡身体前部重量的作用，以帮助头和脖颈抬起。其次，就是每当困倦时，它们可以找一个安全隐蔽的地方，把尾巴拖到地上，这时候两条后腿正好与长尾构成一个三脚支架，相当稳定，然后就放心地闭上眼睛打个盹。

如果肚子饿了，它们就去寻找水边的鲜嫩细柔的植物啃食之，或从树上扯下一簇鲜枝嫩叶充饥。这类动物行走时可能四足并用，弓背而行，但必须时时引颈张望，警惕地观察四周的动静，时刻提防肉食恐龙的进攻，一旦发现险情，便及早逃向密林深处躲藏起来。

## 化石的特点

禄丰恐龙化石数量众多、种类齐全、密集度高、跨年代长、保存完整，在世界上具有较高的学术研究价值，堪称世界顶级资源。

↓禄丰龙——长尾的作用

扩展阅读

### 五个"世界之最"

禄丰恐龙有五个"世界之最"："禄丰蜥龙动物群"是当今世界最原始、最古老的脊椎动物化石群；禄丰恐龙化石的种类居世界之最；禄丰恐龙化石保存的数量居世界之最；禄丰恐龙化石埋藏的密度居世界之最；禄丰恐龙化石的完整性居世界之最。

# 第七章

## 其他各洲的恐龙

不仅是在南美洲、亚洲留下了恐龙的足迹，恐龙的足迹更是遍布世界各大洲，擦亮眼睛，准备好大开眼界吧！

# 背上冰川
## ——冰脊龙

☆ 名称：冰脊龙
☆ 长度：约6.5米
☆ 种群：兽脚亚目恐龙
☆ 食物：食肉
☆ 生存时期：侏罗纪早期
☆ 生存地域：南极洲

冰脊龙又名冰棘龙或冻角龙，是一类大型的双足兽脚亚目恐龙，在头部有一个像西班牙梳的奇异冠状物。1991年，在南极洲的早侏罗纪地层发现的冰脊龙的化石，是首头在南极洲发现的肉食性恐龙，且是首头被正式命名的南极洲恐龙。它的生存年代可追溯至早侏罗纪的普林斯巴赫阶，是最早的坚尾龙类恐龙。后来的研究认为冰脊龙可能较接近于双脊龙科。

### 独特的鼻冠

冰脊龙的身长约6.5米长，比异特龙的12米身长明显要小，体重则约465公斤。它那独特的鼻冠位于眼睛之上方，垂直于头颅骨。头冠是有褶皱的，外观很像一把梳子。它是从头颅骨向外延伸，在泪管附近与两侧眼窝的角愈合。其他有冠的兽脚亚目，如单脊龙，它们的冠多是沿头颅骨纵向长出，而非横向的。这个头冠若用在打斗上是很容易碎的，所以被认为是作为求偶用的。

### 艰难的寻亲路

由于冰脊龙同时有着原始及衍生的特征，所以替它进行科学分类很是困难。它的股骨有着早期兽脚亚目的特色，而头颅骨则更像较后期的物种，如中国的中华盗龙及永川龙。

因它的特征趋向坚尾龙类，所以起初它被怀疑是属于角鼻龙下目，或早期的阿贝力龙超科。后来发现冰脊龙是更为原始的，接近双脊龙的腔骨龙超科。虽然，有的学者对坚尾龙类的肉食龙下目（如异特龙）是否与原先被认为是较为原始的角鼻龙及其近亲有着同一祖先、且是近亲存有争论，但是，大部分的学者依然相信冰脊龙是较早期及原始的坚尾类恐龙。

## 化石的出土

冰脊龙的化石，是在南极洲南极横贯山脉比尔德莫尔冰川柯克帕特里克峰发现的，化石出土于汉森组的硅质粉砂岩，年代估计为早侏罗纪普林斯巴赫阶。

冰脊龙的重建模型，位于布鲁塞尔，化石包括部分压碎的头颅骨，1个齿骨，30节脊椎，肠骨、坐骨、耻骨、股骨、腓骨、胫跗骨及蹠骨。头颅骨部分被比尔德莫尔冰川所压碎，但该部分已经被重组。在1994年，这些化石正式被描述、命名为冰脊龙，并被发表在《科学》杂志上。

冰脊龙的名字并非指发掘队伍所面对的严峻环境，而是这头恐龙所生活的较凉气候。在2003年，发掘队伍回到原来的地方发现了更多的化石，并在30米的更高处发现第二个挖掘地点。

知识链接

### 挖掘地的生态

冰脊龙的化石在距南极约650公里的地方被发现，但在它们生存的时期，这个地方距离南极点约1000公里或更为偏北的地区，因此冰脊龙并不会遇上极夜。

在早侏罗纪时，这里是冈瓦那大陆南岸的一条河床。这些支持了一个理论，早侏罗纪的南极洲纵然在纬度较高的地方，至少沿岸地区仍有着森林，生存着多样性的物种。虽然当时的世界较现在为暖和，而南极洲当时是较接近赤道，南极洲的气候仍然是属于温带气候。最近的侏罗纪气流模型研究显示，虽然内陆地区有极端的气候环境，但海岸地区并未曾过于严寒。可见当时恐龙可以抵受相对较凉的环境，可能在下雪时仍可生存。

↓冰脊龙捕猎

# 消极甲龙
# ——敏迷龙

- ☆ 名称：敏迷龙
- ☆ 长度：4米
- ☆ 身高：1米
- ☆ 食物：蕨类植物
- ☆ 生存时期：白垩纪早期
- ☆ 生存区域：澳大利亚昆士兰州南部

敏迷龙是在南半球发现的第一条甲龙，它是1964年在澳大利亚昆士兰州南部一个叫敏迷的交叉路口附近发现的，也因此而得名。

## 尚不明确的归类

敏迷龙生活在距今1亿1500万年前的早白垩纪晚期。根据前后发现的两具敏迷龙骨架化石，人们可以确定它披有骨板，长有骨刺，以四足行走，用叶状小牙啃食植物。因为没有发现尾锤，所以人们把它归入结节龙科，但根据它的其他特征，有人认为它可能构成甲龙类的第三个科。

## 化石研究

1990年发现的敏迷龙骨架为进一步的研究提供了很重要依据，正是通

过这具化石的研究，古生物学家才对敏迷龙有了更进一步的了解。通过对敏迷龙骨架化石的研究，古生物学家发现，敏迷龙的头部由前到后逐渐变宽，背上还有数排骨架。

## 知识链接

### 第一具化石

到目前为止，古生物学家只发现过两具敏迷龙的骨架化石，1964年发现的那具骨架较为凌乱，而且缺少很多部分。

↓鳄鱼是恐龙的近亲

# 北美装甲车
# ——甲龙

☆ 名称：甲龙
☆ 种群：甲龙类恐龙
☆ 生存时期：白垩纪末期
☆ 生存地域：北美洲西部

甲龙意为"坚固的蜥蜴"，是甲龙科下的一个属，它的化石是在北美洲西部的地层中被发现的，年代属于白垩纪末期。甲龙的骨骼还没有完整地被发现，它常常被认为是装甲恐龙的原型。其他甲龙科亦同样有它的特征，如重装甲的身躯及巨型的尾巴棒槌，但甲龙却是这个科内最大型的成员。

## 最后的恐龙

甲龙类是恐龙大家族中较晚出现的类群，直到白垩纪末期才刚刚登上历史舞台。各种甲龙组合成了恐龙大家族中一支独特的类群，叫做甲龙类，在分类学上的位置就是爬行纲、鸟臀目、甲龙亚目。

甲龙身体上部覆盖着厚厚的鳞片，背上有两排刺，头顶有一对角。甲龙有个像高尔夫球棒一样的尾巴。它的四只腿都是短的，脖子也很短，脑袋是宽宽的。

它的骨质、钉状的骨板与锤状的尾巴提供了很好的保护作用，它的骨骼在蒙大拿州发掘到，属于恐龙族群中最后灭绝的一支。

## 结实的装甲

甲龙最明显的特征是它的装甲，包含了坚实的结节及甲板，嵌入在皮肤上。在鳄鱼及一些蜥蜴上也可以发现类似的装甲，骨头上覆盖着坚硬的角质。这些皮内成骨是按照大小来排列，从宽而平的甲板到小而圆的结节。

甲板在甲龙的颈部、背部及臀部以横列整齐排列，而小型的结节则保护大型甲板之间的空隙，较小的甲板则在四肢及尾巴。与较为古代的包头龙比较，甲龙的甲板在质地上较为平滑，并没有像同时代的结节龙科埃德蒙顿甲龙般有棱脊。

## 了解甲龙家族

甲龙是甲龙科的模式属，甲龙科是甲龙下目的成员，当中包括结节龙科。甲龙的起源备受争议，有几个分析结果是完全不同的，所以它在甲龙科内的实际位置始终没有定案。甲龙及包头龙常常被认为是姊妹分类，但是，其他分析发现这些属是在不同位置。需要更多的发现及研究才可以弄清这个情况。

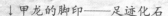

### 扩展阅读

#### 动画回顾

"一只凶猛的食肉恐龙猛然扑向一只小恐龙，但是不管它怎么咬、怎么抓，就是咬不住、抓不破那只小恐龙的身体。原来，小恐龙身上长着一层坚硬的厚甲，简直就像披盖着装甲的小坦克一样。最后，食肉恐龙只好无奈地走开，去寻找别的猎物去了。"

这是美国的一部关于恐龙的动画片里的一个场面。但这绝不是凭空的想象，而是根据科学家对恐龙的研究合理设计的镜头。事实上这样的场面在1亿多年前的白垩纪时期不知真实地发生过多少次呢！这种身上长有硬甲的小坦克似的恐龙就是甲龙。

↓甲龙的脚印——足迹化石

第七章 其他各洲的恐龙

# 凶煞神
# ——鲨齿龙

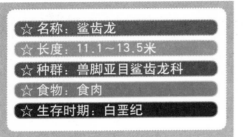

☆ 名称：鲨齿龙
☆ 长度：11.1～13.5米
☆ 种群：兽脚亚目鲨齿龙科
☆ 食物：食肉
☆ 生存时期：白垩纪

　　鲨齿龙又名望齿龙，它是迄今为止人类所发现的地球上最强悍的陆生生物之一。鲨齿龙属于兽脚亚目鲨齿龙科，生活于9800万～9300万年前的白垩纪。它是种巨大的肉食性恐龙，比暴龙更大，成年的估计可达11.1～13.5米长，体重2.9吨。

### 凶神恶"鲨"

　　撒哈拉鲨齿龙，是一种生存于埃及、摩洛哥、突尼斯、阿尔及利亚、利比亚和尼日尔的大型食肉恐龙。特点是牙齿类似餐刀，有很明显的纹路，有些人觉得像食人鲨的牙齿。即使白垩纪著名的"猎杀机器"暴龙比起它们，也是个小个子。

　　鲨齿龙有着一颗与体型相配的巨大头颅，甚至超过1.6米，在这样一张大嘴下，任何猎物都会被撕成碎片。况且强壮的后肢还可以使它加速起跑，冲向猎物。幸运的是，鲨齿龙并不聪明，因为据它的头骨化石显示，它的脑容量并不是很大。或许，猎物们可以凭借这一点，利用自己的智慧战胜鲨齿龙。

### 莫名其妙的化石

　　世界上第一块鲨齿龙残骸化石是考古学家于1931年在非洲发现的，只包括一些牙齿以及骨骼残骸。后来，化石被送到德国，保存在慕尼黑的巴伐利亚国立博物馆。

　　1944年4月24日，在第二次世界大战中，纳粹空军野蛮地炸掉了这具他们觉得莫明其妙的鲨齿龙头骨化石。战后，为了修复被损坏的鲨齿龙头骨，美国古生物学家保罗·赛雷那和他的考察队深入非洲，进行新一轮的搜索。终于，在1995年，他们在撒哈拉大沙漠里找到了另外一个鲨齿龙头骨。

## 知识链接

### 鲨齿龙最近的"亲戚"

在鲨齿龙类恐龙中，还有另外一个强者——南方巨兽龙。它的身长可达到16米，体重则超过10吨。作为与鲨齿龙血缘关系最近的"亲戚"，南方巨兽龙同样具有凶残的本性，无论是小型的哺乳动物还是大型的植食性恐龙，都逃不过它的利爪。

↓鲨齿龙生存环境

# 沙漠猎手
## ——非洲猎龙

☆ 名称：非洲猎龙
☆ 长度：8~9米
☆ 种群：兽脚亚目斑龙科恐龙
☆ 食物：食肉
☆ 生存时期：白垩纪
☆ 生存地域：非洲北部

非洲猎龙是和鲨齿龙一起被发现的，长8~9米。非洲猎龙是身高达到8米的食肉恐龙，是一种大而灵巧的兽脚类恐龙，具有5厘米长的牙齿和带钩的锋利爪子，它们的一些牙印还留在了未成年恐龙的肋骨上。

### 小谈非洲猎龙

非洲猎龙是兽脚亚目斑龙科下的一个属，生活于下白垩纪的非洲北部。它是双足的肉食性恐龙，有5厘米长的锐利牙齿，以及手上的三只爪。从已知的一个骨骼可知，非洲猎龙由鼻端至尾巴约为9米长。非洲猎龙属目前只有一个种，就是非洲猎龙。

在1994年，美国古生物学家保罗·塞利诺连同其他学者将这些化石描述、命名。

非洲猎龙的化石是由一个接近完整的头颅骨（缺少下颌）、部分脊柱、前臂、手、接近完整的骨盆及完整的后脚组成，这些骨骼被存放在芝加哥大学。

↓非洲猎龙

## 所属分类

非洲猎龙的骨架模型，位于悉尼澳大利亚博物馆。大部分的研究将非洲猎龙分类在斑龙科内。以往斑龙科是一个"未分类物种集中地"，包括很多大型及很难分类的兽脚亚目恐龙，但经重新定义后，它成为棘龙超科内棘龙科的姊妹科。

在2002年的一项专注西北阿根廷龙科的研究发现，非洲猎龙是基础斑龙科恐龙。其他近期而较完整的亲缘分支分类法分析显示，非洲猎龙属于斑龙科下的一个亚科，该亚科还包括美扭椎龙等。

### 知识链接

#### 有关非洲猎龙的关系

在保罗·塞利诺的原本描述中，非洲猎龙被认为是基础蛮龙超科恐龙，但不属于棘龙科及斑龙科。另一个研究将非洲猎龙完全放在棘龙超科之外，并指出它与异特龙是近亲，这是唯一作出此结论的文章。

　　恐龙有着不同的类别，各类恐龙均有明显相互区别的特征。它们有的食素，有的食肉；有的体型庞大，有的轻盈娇小；有的凶猛无比，有的胆小如鼠……下面就让我们一一揭秘，给大家展现一个多角度的恐龙世界。

科学探索丛书

# 第八章

## 各类恐龙大显身手

# 蜥脚类恐龙

　　如果时光倒流，回到1.5亿年前，那时陆地上的统治者就是巨大恐龙群，其中的主角则是有100多个种类的蜥脚类恐龙（属于蜥臀目）。蜥脚类恐龙中身长最长的超过30米，有很长的颈和尾，粗壮的四肢支撑着如大酒桶般的身躯。当时，虽然陆地上的生命已出现了4亿年，但是除了蜥脚类恐龙之外，陆生动物中没有身长超过20米的。

## 身躯庞大

　　蜥脚类恐龙曾是陆地上最大的动物。当今世界上所有已经发现的化石以及所有现存动物，都没有能超过它们的，它们最小的也有8米长，最大的竟然达到了40米长！它们都是植食性恐龙，用四只脚缓慢地行走。它们身躯庞大，脑袋却很小，再加上细长的脖颈，样子非常特别。

## 独特的进食方式

　　蜥脚类恐龙进食的方式非常特别：它们用像梳子一样密的牙齿把树枝上的叶子全部捋下来吞掉，这样，当其他恐龙赶到的时候，树上就只剩下光秃秃的树干了。蜥脚类恐龙没有白齿，因此不能咀嚼食物，只能借用吞进肚子里的石头，帮助它们磨碎吞下的食物，以便于消化。

## 其他结构

　　蜥脚类恐龙肌肉发达，脖子和尾巴非常有力，这使它们不用费太大力气就能够到长在高处的食物。它们的尾巴从不拖在地上，而是弯向身体一侧。它们的脚爪上都有5个脚指头，这和蜥蜴是一样的。它们的脚趾和现在大象的脚趾非常像：平放在地上，趾端长有圆形的蹄状趾爪，能在土地上留下圆形或是卵形的脚印。它们的后脚掌上还长着弹性的肉垫，可以减弱走路时的声响，以防止被敌人发现。

## 知识链接

### 不可思议的食量

为了生存，一只蜥脚类恐龙每天至少要吃掉200千克的树叶。胃口好的时候，它们甚至会吃得更多。

↓蜥脚龙有着细长的脖子

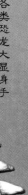

# 巨龙类恐龙

巨龙类恐龙打破了一个又一个纪录。这类恐龙中最著名的是阿根廷龙，它是地球上存在过的体形最庞大的动物。巨龙类恐龙出现在侏罗纪晚期，大部分生活在白垩纪时期的亚洲、欧洲和北美洲。

## 凹凸不平的身体表面

巨龙类的肋部和后背部位都覆盖着很多小骨板，这些小骨板凹进皮肤里。这种保护装置可以帮助这些恐龙抵御肉食性动物的攻击。

## 阿根廷龙的发现

在很长一段时间里，人们对巨龙类恐龙都不是很熟悉，因为发现的化石很少。2001年，两具阿根廷龙的化石骨架在马达加斯加岛被发现，其中一具几乎达到90%的完整度。在那之后，2005年，一具巨龙类恐龙的完整骨架化石在阿根廷的巴塔哥尼亚被发现。

## 萨尔塔龙

萨尔塔龙有12米长，重达25吨。它身上的小骨板周围还长着很多骨质的小突起，这让它看起来像被疱疹覆盖着一样。这些骨质小突起非常坚硬，可以帮助它抵挡其他动物牙齿的攻击。

## "侏儒"巨龙

并不是所有巨龙类恐龙的体形都非常庞大，也有一些"侏儒"巨龙，例如掠食龙，它只有8.5米长。一具完整的掠食龙骨架化石2001年在马达加斯加岛上的采石场里被发现。通过这具化石，科学家们对巨龙类恐龙有了更多的认识。

## 浪漫之城里的恐龙化石

1989年，一个葡萄园园主在普罗

旺斯的葡萄园里发现了一具巨龙类恐龙的骨架化石。这种恐龙后来被命名为葡萄园龙，它有15米长。

### 知识链接

#### 更早的发现

其实，阿根廷龙的化石早在1989年就被发现了。当时，一块1.5米长的骨骼化石在阿根廷出土。经过研究，这是阿根廷龙脖子上的一块颈椎骨。

↓萨尔塔龙

# 肉食龙类恐龙

1.8亿年前，一群新的兽脚类恐龙出现了，这就是肉食龙类恐龙。肉食龙类恐龙的体型非常庞大，至少有7米长。它们的下颌非常有力，牙齿呈锥形弯曲，就像军刀。它们的尾巴粗壮有力，可以用来支撑身体。很快，肉食龙类恐龙成为了侏罗纪的主人。

### 异特龙捕猎

异特龙是侏罗纪时期最庞大的掠食者，它有12米长，5米高，2吨重。捕猎的时候，它常常躲在树丛后面伺机而动。它也吃动物腐烂的尸体。当逮住猎物的时候，它会张开长着多达70颗牙齿的嘴大嚼特嚼。

因为异特龙的下颌关节非常灵活，所以它能把嘴张得大大的，这使它可以吞下体型很大的猎物。

### 斑龙的牙齿

斑龙的牙齿在老化后也会脱落，但是新牙齿还会长出来。斑龙是第一种被科学家研究并描述的恐龙。1677年，一位英国科学家就在著作里对斑龙的化石进行了描述。古代中国人其实很早就发现了斑龙的化石，但是却以为它们是传说中的龙的骨头。

### 南方巨兽龙

人们曾认为霸王龙是世界上最大的陆地肉食动物。1993年，阿根廷出土了一些巨大的兽脚类恐龙化石，它们被命名为"南方巨兽龙"。南方巨兽龙有14米长、8吨重，这已经超越了霸王龙。

### 鲨齿龙名字的由来

这个名字的意思是"鲨鱼的牙齿"。鲨齿龙的牙齿上有条纹，有些像鲨鱼的牙齿。它可以将牙齿深深插入猎物的体内，直到对方的血流光。

## 知识链接

### 强大的威慑力

　　南方巨兽龙能以庞大的身躯作为威慑武器，抢走其他掠食者的食物。它只需让对方看到自己的大块头，对方就会立刻把盛宴拱手让出。

←鲨齿龙

# 小型兽脚类恐龙

小型兽脚类恐龙的体型比它们的近亲肉食龙类恐龙要小很多。它们有着锐利的目光、锋利的牙齿，身手灵敏、迅捷，是非常杰出的猎手。在侏罗纪晚期和白垩纪，它们成群结队地生活和捕食。

## 美颌龙的微笑

美颌龙名字的意思是"漂亮的颌骨"。这种恐龙有60厘米长，比一只鸡大不了多少，但它的颌骨上却排列着80多颗锋利的牙齿。它拥有两条修长的后腿，目光锐利，柔韧性惊人，这些使它成为了一个孤独的猎手。它捕食小昆虫、小蜥蜴和一些小型哺乳动物。

## 战斗勇士恐爪龙

在战斗的时候，恐爪龙能迅速跳跃起来，伸出后爪，撕碎对手的躯体。它有3~4米长，重约70千克，是相当厉害的猎食者。

恐爪龙后肢第二趾上长着一只巨大的镰刀状趾爪。在它行走和奔跑时，第二趾可能会微微缩起，趾爪不碰触地面；而在它捕猎和防身时，这只脚爪可能会像折刀一样弹出，成为一件厉害的武器。

因为恐爪龙是奔跑速度最快的恐龙之一，它的奔跑时速可以达到50千米。恐爪龙属于驰龙类，它僵硬的尾巴在奔跑中可以起到舵的作用。它能沿"之"字形路线奔跑，这样猎物就难以逃出它的掌心了。

## 轻盈的大个子

尽管可以长到2米长，但嗜鸟龙和它的近亲美颌龙一样，骨头很轻，这就大大减轻了它的体重，让它奔跑迅速。它在捕猎的时候甚至可以"飞"起来，用有力的前爪捕捉小型动物和鸟类。

## 眼睛大、牙齿多

伤齿龙的小脑袋上长着一双直径

5厘米的大眼睛。它拥有猫一样卓越的视觉能力，习惯在晚上狩猎。它嘴里长有多达120颗锋利的牙齿。虽然它的脑袋很小，但它的大脑几乎是恐龙里最大的。

↓战斗勇士恐爪龙

## 扩展阅读

### 羽毛的作用

对恐龙来说，羽毛的主要作用是保持体温和在孵蛋的时候保护蛋。此外，羽毛还被恐龙用来炫耀自己，尤其是用于吸引异性。多年之后，羽毛还可以进化成它们的飞行工具。

137

第八章　各类恐龙大显身手

# 似鸟龙科恐龙

白垩纪出现了似鸟龙科恐龙。它们体长3～4米，后肢非常有力，脖子很长，小小的头上长着一张小嘴。它们跟今天的鸵鸟很像。似鸟龙科通常被认为是植食性的，但也有人认为它们可能是杂食性恐龙，像今天的小鸟一样吃昆虫、水果和蔬菜。

## 似鸵龙

似鸵龙的双腿很有力，长长的脖子向前倾，头上长着一张小嘴，嘴里没有一颗牙齿。我们不知道它是否有羽毛。它不能咬，也不能抓，因为爪子上的趾爪一点儿也不锋利。它最主要的防御措施就是飞速奔跑。

和鸟类一样，似鸵龙的眼睛长在头的两侧。当危险来临的时候，它不用转动头部就能看清周围情况。因为有了这样的全景视角，它总能在紧要关头迅速逃跑。

## 思维活跃的恐龙

似鸸鹋龙拥有一双长腿，它的奔跑速度可以达到每小时70千米，几乎是恐龙里跑得最快的。大眼睛使它可以在夜间追逐蜥蜴和其他小型哺乳动物。它的大脑大小接近现代鸵鸟的大脑大小，这让它成为了"思维"最活跃的恐龙之一。

## 鹈鹕龙像鹈鹕

在鹈鹕龙的嘴下方都有一团坠着的"口袋"，所以说鹈鹕龙像鹈鹕。科学家在西班牙的一个湖边找到了似鹈鹕龙的骨架化石。他们认为似鹈鹕龙在捕鱼的时候把鱼储存在这个"口袋"里，就像现在的鹈鹕一样。另外，鹈鹕龙是唯一长着牙齿的似鸟龙科恐龙。它的牙齿很坚固，而且长得尖尖的。

## 像鸡不是鸡

似鸡龙常用爪子刨地寻找种子和昆虫一类的食物，这和鸡的行为很像。不过，似鸡龙有6米长，400千克　　儿也不像了。
重，比鸵鸟还重两倍，这就跟鸡一点

## 知识链接

### 前肢化石

　　1970年，一块长2.4米的似鸟龙科恐龙的前肢化石在蒙古被发现。这种被命名为
"恐手龙"的恐龙，体长有10米左右。

↓似鸵龙

# 棘龙科恐龙

棘龙科恐龙的背上长着一面帆样的冠，很像西方传说中的龙的形象。它们最显著的特征就是那长长的嘴，里面长着很多锥形的牙齿。它们是非常优秀的"渔民"，这种习性在恐龙身上很少见。

## 与鳄鱼的相似处

它们都长着长长的嘴、直直的牙，以及朝上的鼻孔。因为爪子很尖，它们可以轻而易举地抓住光滑的猎物，比如鱼类。

## 怎样活动

棘龙科恐龙几乎和霸王龙一样高大。尽管体型庞大，但它们能迅速出击追逐猎物。身高4米的它们可以气喘吁吁地跑得飞快。

## 背上有大冠

棘龙科恐龙背上的冠有2米高，就像一面帆。这个冠一方面可以用来吸引异性，另一方面可以作为"扇子"或是"太阳能传感器"，以便降温和保暖。

## 重爪龙吃什么

1983年，人们在英国发现了一具完整的重爪龙化石。在它的胃里，人们发现了鱼的鳞片和牙齿的残骸化石，还找到了一只禽龙（一种植食性恐龙）的化石。人们由此知道，重爪龙不仅会捕鱼，还会捕食水边的植食性动物。

重爪龙两只前爪的大趾上都长着一只弯曲的长达35厘米的镰刀状趾爪，这就是它的捕鱼利器。它在湖边像熊一样守候着鱼儿的出现。

## 似鳄龙的利爪

　　似鳄龙的前肢很强壮，前爪的3根趾头上都长着尖利的趾爪。它用这样的爪子可以轻易地穿透鱼的身体，同时也能用它们杀死其他在沼泽旁喝水的动物。

↓与鳄鱼的相似处

# 鸟脚类恐龙

在白垩纪初期，它们是恐龙里种类最多的一类。这类恐龙几乎在所有大陆上都生活过。它们的身体在后来变得越来越沉重和肥胖，并开始用四肢行走。因为它们的脚趾的样子很容易让人联想到鸟类，所以我们又叫它们鸟脚类恐龙。

## 用四只脚走路

禽龙的体重达5吨，和现在的大象差不多；体长10～12米，像一辆公共汽车。这样的身材使它们必须用四只脚走路。还有，它们的脚趾长得很像钳子。

禽龙的拉丁文学名是lguanodon，意思是"鬣蜥的牙齿"。因为古生物学家1809年在英国发现它时，觉得它木锉般的牙齿很像鬣蜥的牙齿。在那个时代，人们对恐龙的认知还很有限。实际上，除了牙齿，禽龙身体的其他部位一点儿都不像鬣蜥。

## 腿长的棱齿龙

棱齿龙走起来非常快，因为它的腿很长，身体线条十分优美——体长1.5米，重25千克。它们用两条后腿行

走，十分擅长奔跑，速度可达每小时40千米。

和大部分的白垩纪鸟臀目恐龙一样，棱齿龙嘴里长有紧凑的牙齿，当它闭上嘴的时候，这些牙正好合上。它用这些牙磨碎树叶、花朵，以便下咽。

## ❖❖ 亲属体系庞大 ➜

鸟脚类恐龙的亲属遍布全世界，是因为它们适应了所有的气候。比如在非洲，鸟脚类恐龙无畏龙的背上长了一面"帆"，可以帮助它吸收和散发热量，以保持体温恒定。

### ● 知识链接 ●

#### 化石聚点

1878年，人们在比利时的一座矿山里发现了30具完整的禽龙骨架化石。这是人们第一次在同一地点发现这么多恐龙化石。

↓用四肢走路、用两后肢奔跑的"鸟"

# 甲龙类恐龙

为了抵御大型肉食性恐龙的袭击，同属装甲龙类的甲龙科恐龙和结节龙科恐龙都披着厚实的"铠甲"。它们的"铠甲"上除了有尖尖的钉状物外，还有锐利的骨刺。这些鸟臀目恐龙是"文弱"的植食性动物，但它们令人畏惧的防护装置足以保护它们。

### 强大的甲龙

甲龙在遇到危险的时候会趴到地上，这样它的敌人就会被它身上又厚又硬的骨板和尖锐的骨刺伤到牙齿。甲龙的这副"铠甲"从头顶一直覆盖到尾巴，还包括肋部。这让它看上去就像一辆难以被摧毁的坦克。

甲龙的尾巴末端长着一个狼牙棒样的东西，这个狼牙棒样的东西是尾锤。甲龙身上最脆弱的部位是肚子，如果一只肉食性恐龙从背后袭击它，它可以用沉重的尾锤横扫过去进行还击。这样沉重的尾锤足以打伤一只霸王龙。

因为甲龙实在太重了，不能直立地站起来，所以一般只能吃青草、低矮的灌木，以及树木低处的枝叶。另外，它们的牙齿也很脆弱，只有55颗，只适合吃比较软的食物。

### 骨刺不同的排列方式

不同种类的恐龙，其身上的骨刺有不同的排列方式：埃德蒙顿甲龙的骨刺长在肩部和肋部，林龙的骨刺水平地长在肋部和尾巴上。

↓强大的甲龙

# 剑龙类恐龙

剑龙类恐龙的背上都长着成排的三角形骨板，它们生活在1.7亿年前侏罗纪时代的亚洲，之后又出现在非洲、北美洲和欧洲，最后神秘地消失在白垩纪中期。它们是植食性恐龙，身材庞大，头很小，行动起来又慢又沉重。

## 背着骨板的剑龙

剑龙个头很大，能长到12米长、7米高、4吨重，但它只吃低矮的灌木，是个庞大的素食者。因为它的牙齿很小，可能只适合吃柔软的树叶。

剑龙背上的骨板里有很多血管，可能具有调节体温的作用。为了取暖，它们让自己暴露在阳光下，这样它们的骨板就可以接收到热量，并通过血液流动把热量带到全身。如果需要降温，它们会待在树阴下或其他阴凉的地方，这样流过骨板的血液就容易冷却下来，进而降低全身的温度。

剑龙的尾巴比其他恐龙的尾巴更柔软、更灵活。它们的尾巴末端还长着两对40厘米长的尖刺。当面对敌人的时候，剑龙会挥动尾巴，用这两对尖刺来打击敌人，保护自己。

## 装扮得像刺猬

钉状龙也是剑龙类恐龙中的一种。它有4米长，巨大的骨刺从它的后背一直延伸到尾部。在它的胯部还有两根长长的骨刺，这让它的样子看起来就像刺猬一样。

↑钉状龙装扮得像刺猬

　　恐龙世界里，也有称霸于不同领域的"世界之最"。它们在身高上、体型上、食量上、叫声上，甚至在尾巴上，领先于其他恐龙，因此被冠以"最"的称号。下面就让我们一起去看看这些冠军们吧，一睹它们的风采。

科学探索丛书

# 第九章

## 恐龙之最

# 最早的恐龙

最早的恐龙，很像兔鳄的后代，它们的出现似乎顺理成章地把恐龙和兔鳄的中间环节联结了起来。

## 从小变大

考古科学家认为，最早的恐龙是一种小型的食肉动物，它们在三叠纪晚期才来到地球。开始时数量稀少，"发育"也不太大，但经过千万年之后，在"唯我独尊"的世界里，不断进化而来的恐龙们不断发展壮大，"心宽体胖"。到白垩纪时已达到了极致，体型庞大便成为它们的主要标志。

## 南十字龙

南十字龙是早期恐龙中的一种。这种食肉恐龙身长2米，体型虽不大，但十分凶猛，并且喜欢成群结队地捕食比自己大许多的动物，成为"第一

种捕食大动物的恐龙猎手"。它体重轻，腿细长有力，奔跑速度快，有着强壮的下颚。

## 黑瑞拉龙

黑瑞拉龙是从阿根廷挖掘出来的一种两足行走的食肉恐龙，体长大约3米，尖尖的牙齿突出地长在上颚前部，可以毫不费力地撕咬下猎物身上的肉。

## 早期食草恐龙

早期的食草恐龙，个头比较小，如匹萨诺龙以及喙牙龙，它们的身长大约1米，长着尖牙，形状像猪，一般是食肉恐龙掠食的对象。

早期的恐龙世界里，肉食恐龙较多，体型都不太大，但几百万年之后，食草恐龙个头越长越大，甚至超过食肉恐龙好几倍或十几倍，从而成为与肉食性恐龙旗鼓相当的地球统治者。

## 扩展阅读

### 漫长的存在

　　简直无法想象，在恐龙灭绝之后，又过了几千万年，才开始出现原始的人。多么漫长的进化岁月啊。而人类有文明记载以来的岁月才几千年，相比之下，人们就知道恐龙盘踞地球的时间有多长了。

↓南十字龙

# 最凶猛的恐龙

一般的人都认为最大最凶猛的恐龙是霸王龙，一听这名字就觉得有霸气，再加上它在《侏罗纪公园》这部电影里所展现出的勇猛，所以人们便认定是它。

其实，恐龙时代最大最凶猛的恐龙不是它，而是另有其"龙"。

## 巨龙的出现

1955年，巨龙的骨骼化石在南美洲的阿根廷找到了，在这以前，连科学家们都相信霸王龙是所有食肉恐龙中最凶猛的恐龙。

巨龙的化石一拼合起来，让科学家们不得不把这个"最"给了它。巨龙身高有6米左右，身长12米，它寻觅食物跑动时，连大地都会震颤。巨龙的脖子短而粗，身体十分健壮，四肢有力，尾巴又粗又大，至少有4.5米长。它的尾巴一扫过去，能击碎任何动物的骨头。

## 无敌霸王

巨龙在奔跑时，速度很快，张着一张大嘴，露出巨大的、尖利的牙齿，它喘的粗气简直就像乌云盖顶那样可怕。

巨龙在恐龙时代，不会把任何对手放在眼里。它追击大大小小的食草恐龙，还有中小型的食肉恐龙，把对方掀翻在地以后，便开始张着大口撕咬起来。在它的化石旁边，人们发现了一些食草恐龙的骨骼化石，大家相信，那些都曾是它的食物。

↓巨龙骨架

# 尾巴最厉害的恐龙

一直以来，人们一般都会认为，食草性恐龙在恐龙世界中一直是处于被宰割地位的。专家们也认为，食草性恐龙的身材一般比食肉性恐龙大几倍，这是由于食草性恐龙为了保全自己进化而来的。这样，当食肉性恐龙单独面对一个这样的庞然大物时，不好下手。但是，再大的食草性恐龙一旦遭到成群的食肉恐龙的追击，也难逃厄运。

## 防御武器

食草恐龙开始发展自己的防御武器，让对方在攻击自己时遭受重创。尾巴，一直都是恐龙们进攻和防御的武器。而尾巴最厉害的恐龙并不是食肉恐龙，而是一种食草性恐龙，这种恐龙叫甲龙。

## 巨大的棒槌尾巴

甲龙是白垩纪时的大型食草性龙，最初发现于北美洲，长达10.7米，最大的特点是长着一条巨大的棒槌尾巴。甲龙是一种在关键时候能和食肉恐龙拼上一拼的恐龙。

甲龙的整个身体，包括头、脸、眼皮上，都长着厚厚的甲片，食肉恐龙的利爪根本就抓不住。甲龙的尾巴尤其厉害，它至少有30公斤重，结构就像中国的兵器——流星锤。一个重达几十公斤的大锤打过去，任谁也承受不了啊！

↓布满硬壳的恐龙

## 【科学探索丛书】

◎ 出版策划　膳书堂文化

◎ 组稿编辑　张　树

◎ 责任编辑　王　珺　詹顺婉

◎ 封面设计　膳书堂文化

◎ 图片提供　全景视觉

　　　　　　上海微图

　　　　　　图为媒